時間と研究費(さいふ)にやさしい エコ実験

編
村田茂穂
東京大学大学院薬学系研究科

羊土社
YODOSHA

序

　本書は，羊土社の編集氏と「研究費がギリギリで，何とか研究の質を落とさずに実験コストを下げられるかをいろいろ試しています」と雑談したことがきっかけで企画されました．このような工夫はたいていの研究室の主宰者は考えているでしょうが，それが表立って紹介されることはこれまで見かけなかったように思います．そのような「知恵」を広く紹介して，研究費をより有効に使うことができれば少しは日本の科学にも貢献できるかな，というのも動機の1つです．

　実際，本書で紹介する内容の多くは知り合いの研究室から教えてもらったものであったり，多くの共著者の先生方からとっておきの「知恵」をご執筆いただいたもので，私が"その道（節約術開発）の専門家"というわけでは決してありません．生化学・分子生物学的手法を使ってよい研究をしたいと思っている，一般的なウェット系の研究室の主宰者です．

　自分で言うのもなんですが，本書の内容で私たちは（多分，研究の質を落とすことなく）相当なコストダウンができていますので，本書で紹介する内容をお試しになっても決して損はないと思います．まずは気楽に目を通していただき，ご自身の研究室の事情に適合しそうなところから参考にしていただけましたら幸いです．表題の「エコ」は金銭的な節約の観点が主ですが，時間・労力・効率・エコロジーの観点も多分に含んでいるつもりです．

1つだけ強調しておきたいのは，いくらエコといってもケチが高じるあまり研究に実害が出ては本末転倒だということです．この点だけは踏み外さないように工夫するとともに，研究が萎縮しないように注意を払うことは言うまでもありません．ストレスを感じさせない，ということもポイントでしょう．ですから，各節約方法のメリットを強調するばかりでなく，デメリットがある場合はそのこともフェアに書くようにしました．

　ついでに学生さんや若い研究者向けにひとこと言っておくと，「こいつになら研究費をつぎ込んでもいい！」とボスに思わせるようなふだんの研究ぶりを見せることです．日頃からよく勉強して，よく考えて，情熱をもって，注意深く実験しているか，ボスは見ていないようで意外とそういうところは把握しているものですよ．必要なときには思い切ってお金を使うことも研究には重要なことです．そのためのふだんの節約です．皆さん，がんばってください！

2016年6月
村田茂穂

目次 Contents

序……………………………………………………村田茂穂

エコ1 (1章) ケチらずエコする考え方を会得しよう

1 ものの値段を知ろう……………………………村田茂穂　12
2 研究の値段を考えよう…………………………小林武彦　18
3 プロトコール・試薬・ノウハウを共有しよう……村田茂穂　21
4 冷蔵庫・冷凍庫の中身を共有しよう…………小林武彦　25
5 機器は上手に買おう……………………………小林武彦　27
6 キットビジネスを理解しよう……………………安田　圭　28
7 機器を貸しあおう………………………………小林武彦　31

エコ2 (2章) なんでも自作しよう

1 トランスフェクション試薬（PEI-Max）をつくってみよう……………………………………村田茂穂　36
2 遺伝子改変自由自在ベクターをつくってみよう……村田茂穂　41
3 抗体をつくってみよう…………………………村田茂穂　50
4 ケミルミ試薬をつくってみよう………………村田茂穂　62

5 汎用酵素をつくってみよう ················· 村田茂穂　65
　❶ r*Taq* DNA ポリメラーゼ
　❷ 3C プロテアーゼ
　❸ Sm ヌクレアーゼ

6 ELISA をつくってみよう ················· 安田　圭　72

7 PAP ペンを浴室用コーキング剤で
　 代用してみよう ················· 中川真一　79

8 チャンバースライドを培養皿で代用してみよう ······ 中川真一　82

9 染色用チャンバーをつくってみよう ············ 中川真一　87

10 高級マウント剤を PVA と TDE で代用してみよう ····· 中川真一　89

エコ3 (3章) 当たり前を見直そう

1 コンストラクト作製は数日仕事？ ············· 村田茂穂　94

2 トランスフォーメーションの on ice は 30 分？ ····· 北條浩彦　98

3 プラスミド精製にはカラムが必須？
　 ―アルカリ-SDS 法の逆襲 ················· 村田茂穂　107

4 プラスミド精製はキットが一番？
　 ― boiling 法の帰還 ··················· 北條浩彦　112

5 DNA 精製にフェノクロはつきもの？ ············ 佐藤　博　120

6 磁気ビーズはぜいたく品？ ················ 佐藤　博　123

7 細胞培養の血清は本当に 10 ％必要？ ··········· 村田茂穂　129

8 細胞の選択薬剤を選択してる？ ·············· 村田茂穂　132

9 細胞はカバーグラスに生やさないと
染色できない？……………………………………村田茂穂　134

♻ エコ4(4章) MOTTAINAIを極めよう

1 ピペットはなるべく小容量を使おう……………村田茂穂　140

2 ウエスタンブロットのメンブレンは
リプローブしよう…………………………………村田茂穂　142

3 一次抗体を再利用しよう…………………………村田茂穂　145

4 アガロースゲルを再利用しよう…………………村田茂穂　147

5 プラスチックチューブを再利用しよう…………村田茂穂　149

6 ガラスボトムディッシュを再利用しよう………村田茂穂　151

エコ5(5章) インターネットを活用しよう

1 文献を手軽に管理しよう…………………………村田茂穂　154

2 試料をリクエストしあおう………………………今居　譲　173

3 データベース・ウェブツールで研究しよう……村田茂穂　179

「エコ研究者」検定……………………………………………189

索引………………………………………………………………190

目的別目次

アイコンの説明
- 節約 ➡ 費用を抑えたい
- 時短 ➡ 時間を短縮したい
- 簡単 ➡ 手間を惜しみたい

こんな目的で
エコ実験したい！
というとき，
こちらの目次もご活用ください．

🌱 ラボ運営

- ものの値段を知る 節約 ……………………………… エコ1-1 p12
- 研究の値段を意識する 節約 …………………………… エコ1-2 p18
- 試薬を共有する 節約 ………………… エコ1-3 p21，エコ1-4 p25
- 制限酵素処理済みプラスミドベクターを共有する 時短 …… エコ2-2 p48
- キットを上手に使う 節約 時短
  …………………… エコ1-6 p28，エコ2-6 p72，エコ3-6 p123
- 小容量・最小限のピペットを使う 節約 …………………… エコ4-1 p140
- 効率のよいプラスチックウェアの使い方 節約 ……………… エコ4-1 p140
- プラスチックチューブを再利用する 節約 ………………… エコ4-5 p149
- ガラスボトムディッシュを再利用する 節約 ………………… エコ4-6 p151
- 試料をリクエストしあう 時短 …………………………… エコ5-2 p173
- 機器を上手に買う 節約 ………………………………… エコ1-5 p27
- 機器を借りる・共有する 節約 …………………………… エコ1-7 p31
- プトロコール・ノウハウを共有する 時短 ………………… エコ1-3 p21
- ラボミーティングなどを共有する 時短 …………………… エコ1-4 p25
- チェックすべきデータベースのセットを共有する 時短 …… エコ5-3 p183

🌱 遺伝子工学

- マルチクローニングサイト統一ベクターの作製 時短 簡単 … エコ2-2 p41
- 自由自在な遺伝子改変術 簡単 …………………………… エコ2-2 p43
- トランスフェクション試薬を自作する 節約 ………………… エコ2-1 p36
- 2日で行うコンストラクト作製 時短 ……………………… エコ3-1 p94
- 10分で行うトランスフォーメーション 時短 ……………… エコ3-2 p101
- コンピテントセルの使用量 節約 ………………………… エコ1-6 p29
- 選択薬剤を費用対効果で選ぶ 節約 時短 ………………… エコ3-8 p132

- IRES 配列を使った安定発現株細胞の取得 (節約)(時短) ……… エコ 3-8 p132
- キット不使用・フェノールなしのミニプレップ (節約)
  …………………………………………… エコ 3-3 p107, エコ 3-4 p112
- 短時間・溶液 1 種のミニプレップ (時短)(簡単) ……………… エコ 3-4 p112
- フェノクロ・エタ沈なし，キットを使った DNA 精製 (時短) … エコ 3-5 p120
- 磁気ビーズを使った小スケール・短時間の DNA 精製 (時短) … エコ 3-6 p123
- PCR 反応後の保存温度 (節約) ……………………………………… エコ 1-6 p29
- PCR キットの使用量 (節約) ………………………………………… エコ 1-6 p29
- 汎用酵素（r*Taq* DNA ポリメラーゼ，3C プロテアーゼ，
  Sm ヌクレアーゼ）を自作する (節約) …………………………… エコ 2-5 p65
- アガロースゲルを再利用する (節約) …………………………… エコ 4-4 p147

🌱 タンパク質実験

- 抗体を自作する（最短スケジュール，簡便採血法）(節約)(時短)
  ……………………………………………………………………… エコ 2-3 p50
- ケミルミ試薬を自作する (節約) …………………………………… エコ 2-4 p62
- 親水化処理後のエタノールは再利用する (節約) ……………… エコ 4-2 p142
- ウエスタンブロットのメンブレンをリプローブする (節約) … エコ 4-2 p142
- 抗体の洗浄時間を見直す (時短) …………………………………… エコ 4-2 p143
- 一次抗体を再利用する (節約) …………………………………… エコ 4-3 p145
- ELISA キットの使用量 (節約) …………………………………… エコ 2-6 p72
- ELISA を自作する (節約) ………………………………………… エコ 2-6 p72

🌱 細胞実験

- 細胞培養を 5 ％ FBS で行う (節約) ……………………………… エコ 3-7 p129
- PAP ペンを浴室用コーキング剤で代用する (簡単) …………… エコ 2-7 p79
- 培養ディッシュをマルチウェルチャンバースライド
  として使う (節約) ………………………………………………… エコ 2-8 p82
- 培養ディッシュ上での染色・観察 (節約)(簡単) … エコ 2-8 p82，エコ 3-9 p134
- 染色用チャンバーを自作する (節約) …………………………… エコ 2-9 p87
- マウント剤を PVA や TDE で代用する (節約) ………………… エコ 2-10 p89

🌱 コンピューター活用

- 文献管理アプリを活用する (簡単) ……………………………… エコ 5-1 p154
- データベース・ウェブツールを活用する (簡単) ……………… エコ 5-3 p179

動画閲覧のご案内

エコ2で movie マークのついている実験操作は,動画をウェブでご覧いただけます.手順のご確認にご活用ください.

動画一覧

エコ 2-7	p80	図1●	スライドグラスへのコーキング剤塗布
エコ 2-8	p83	図1●	培養皿へのコーキング剤塗布(1区画)
	p85	図2●	培養皿へのコーキング剤塗布(4区画)
	p86	図3●	培養皿の壁壊し
エコ 2-9	p88	図1●	染色用チャンバーの作製

※動画閲覧には一般的なインターネット接続環境が必要です

特典ページへのアクセス方法

1 羊土社ホームページ にアクセス(下記URL入力または「羊土社」で検索)

www.yodosha.co.jp/

2 [羊土社 書籍・雑誌 特典・付録] ページに移動
羊土社ホームページのトップページに入り口がございます

3 コード入力欄に下記コードをご入力ください

コード: **buz** - **euol** - **diot**   ※すべて半角アルファベット小文字

4 本書特典ページへのリンクが表示されます

※ 羊土社HP会員にご登録いただきますと,2回目以降のご利用の際はコード入力は不要です
※ 羊土社HP会員の詳細につきましては,羊土社HPをご覧ください

執筆者一覧

●編著者

村田茂穂 (Shigeo Murata) ……………………………… 東京大学大学院薬学系研究科 教授

> エコの達人になるには，バッファー組成の1つひとつ，実験手順の細部の意味まで考えるような習慣が必要です．エコの達人＝実験の達人ですね．

●著者

(50音順)

今居　譲 (Yuzuru Imai) ……………………………… 順天堂大学医学研究科 先任准教授

> 過去の論文を読むと，自分の研究のヒントになったり，思いついたアイデアがすでに報告されていることに気づいたりします．つまり論文を読む時間をとることもエコにつながりますよね．

小林武彦 (Takehiko Kobayashi) ……………………… 東京大学分子細胞生物学研究所 教授

> まず個人レベルから，次にラボ，そして大学，研究所，最終的には国レベルで効率よく節約できれば，必要な研究費が研究者全員にいきわたるしくみが必ずできると思っています．がんばりましょう！

佐藤　博 (Hiroshi Sato) ……………………………… 金沢大学がん進展制御研究所 教授

> 細胞培養，プラスミド構築，遺伝子導入などの基礎的な手技にも自分なりのこだわりをもつことで実験が楽しくなります．もちろん学生さんが脱線・暴走しても困るのですが．

中川真一 (Shinichi Nakagawa) ……………………… 北海道大学大学院薬学研究院 教授

> ずっと一緒にいたい，いるだけで幸せ，そういう研究テーマに出会うことができれば，研究生活もプライベートな時間も，潤いのあるものになるはずです．歩き続けましょう．

北條浩彦 (Hirohiko Hohjoh) ………………………… 国立精神・神経医療研究センター 室長

> 研究者をめざす若い皆さまへ，ぜひ「考察力」を身につけてください．そのためには，客観的なモノの見方（観察力），ロジカルな思考力，そしてもう1つ何の力が必要でしょう（今行っていることです）？　それから，英語も大切ですが，母国語をしっかり鍛えましょう！

安田　圭 (Kei Yasuda) ……………………………… ボストン大学医学部 Assistant Professor

> コストパフォーマンスを下げたあとは，思う存分実験してください．

エコ1 ケチらずエコする考え方を会得しよう

エコ1

1 ものの値段を知ろう

村田茂穂

　自分が行っている実験は一体いくらお金がかかっているのか，そのコストに見合うだけの意味がある実験なのか？研究生活が長くなってくれば自然と頭の隅において実験できるようになっているでしょうが，大学のように実験初体験の学生さんが研究室に参加しては慣れたころに研究室を去って行くという環境では，あまり悠長に構えていると試薬やサンプルの「不適切」な使用方法が代々伝えられる，という恐ろしい状況になりかねません．しかし，**値段を教えてあげると自ずと節約するようになる**ものです．

◆キムタオルは牛丼並

　学生さんといえどもものの値段を覚えておいてもらわなければ，と私が思うようになったきっかけの出来事があります．ある日，学生が水を盛大に床にこぼしました．驚いたのはその後の措置です．キムタオルの束を2つ3つと水がこぼれたところへドサドサと投げ込むのです．

　「何が問題なの？」と思った方，キムタオル1束の値段を調べてみてください．意外に高価でしょう（束400円超）．当該学生をはじめほぼ全員の学生が，まさか牛丼よりもずっと高いとは思ってもいなかったらしく，目を丸くしていました（図1）．価格を学生さんに伝えた後は素直に納得してくれ，以降モップや雑巾で対処してくれています．

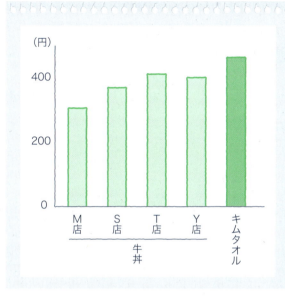

図1 ● キムタオル1束と各種牛丼の価格の比較

この比較は学生さんには説得力があったようです．ちなみに1束50枚入りなので，キムタオル1枚はうまい棒1本分（2016年4月現在）．

　もちろん無条件でキムタオル禁止というわけではなく，雑巾を洗って乾かす労力・時間・拭き取るものの危険性とキムタオルの値段との比較ということになります．さらにいえば，毎週1回そういうことをしでかしても年間数万円程度ですみますから，目くじらを立てるほどではない，という意見もありうるでしょう．

　でも一事が万事，こういう類のことはそこかしこにありますから，ちりも積もれば結構な額になる気がしています．ペーパータオル（1枚1円前後）も同様で，私たちのところは少なくとも実験と関係なく手を拭いたりする場合は自分のハンカチで拭いてもらっています．

◆酵素の単価も考えよう

　制限酵素のユニット単価が酵素によって大きく違うことは皆さんご

エコ1

表1 ● 制限酵素のユニット単価

	T社（円/U）	N社（円/U）
BamH I	0.67	0.60
Cla I	8.80	8.50
EcoR I	0.67	0.60
Hind Ⅲ	0.67	0.60
Kpn I	1.54	1.50
Nde I	24.50	2.50
Not I	18.60	18.00
Sal I	3.27	3.00
Spe I	29.33	17.00
Xba I	3.10	3.00
Xho I	1.54	1.40

最小販売単位の定価ベースでユニットあたりの価格
（2016年5月現在）

存じでしょう（表1）．私たちはcDNAをサブクローニングするときに3′側にXho IかNot Iのサイトを付加したプライマーでPCRをかける，というルールにしているのですが，当然Xho Iが優先されます．単純にNot Iの方が10倍以上高価というのが理由ですが，6-base cutterと8-base cutterという違いもあり，Not Iだと注文するプライマーも長くなってしまいます．

　ノックアウトマウスを作製するときなどにゲノムサザン[※1]を行いますが，こういうときにもできるなら単価の安い制限酵素で条件を設定

※1：ゲノムを制限酵素処理後に電気泳動で展開し，「相同組換えがうまくいっていればこのサイズの断片ができるはず」と確認する方法．

してもらいたいと切実に思ってしまいます．

キムタオルや制限酵素はほんの一例で，**このようなことをかき集めればなかなかの額が節約できる**と思っています．私の研究室ではミニプレップやPCRの1サンプルあたりの単価などラボプロトコールに明示するなどして，判断材料に使ってもらっています．

◆節約の目的を忘れずに！

コスト意識が先走るあまり，肝腎の研究に悪影響が出てしまっては元も子もありません．

実はこの件で反省すべきことがありました．一時期，研究室でコストのことをしつこく言ったことがあり（結果の質を落とさずに，ということももちろん同時にですが），その後，一見平穏にラボの日常が過ぎているかのようにみえながら，何人かの学生が研究の次の一歩へ踏み出すのに躊躇している気がしたのです．

ただしてみると「先生，実は次にこういうことやってみたらいいと思うのですがよろしいですか？」と恐る恐る聞くのです．これはまずいと思いました．コスト意識過剰なあまり，当然進めるべき段階にある実験に対して萎縮させてしまっては，何のために研究をやっているのかわかりません．

節約というのは実はとても高度な技術なのです．利便性（時間，手間），得られる結果のクオリティー（データの信頼性），現在の実験の意味（ラフに当たりをつけるのか白黒はっきりつける段階なのか）などさまざまな状況を勘案し，プロとコンを把握したうえで判断すべきもので，実験を始めて間もない学生さんに要求することは難しかった

図2●コスト削減が上手にできるようになれば一人前
適切なたとえの図ではないかもしれませんが，コストだけ軽くなって他は軽くならないのがベスト．

かもしれません（図2）．しかも，一律に判断基準を決められるものでもなく，同じ状況でも人によって異なる判断をすることもあるでしょうし，むしろ節約のしかたは研究者の個性が出るところかもしれません．

しかし，こういう意識をもって研究をすることは，研究のセンスを磨くうえでも大事なことだと個人的には思っています．つまり，ものの価値，自分の実験の価値，時間的制約など自分の研究を取り巻く状況を十分理解していないとできない判断なのです．私が折に触れ学生に言うのは「臨機応変に」です．言葉は悪いですが「いい加減にやってもよい行程」と「厳格にやらなければならない行程」の違いを理解して，肝腎なところで集中力を発揮できるようにメリハリをつけてほしいと思っています．節約を考えるのもその一環と考えています．

ケチらずエコする考え方を会得しよう

 コラム

　研究室に入ったばかりの大学院生の頃，ケイドライ（シークエンサーのガラス板を拭くために二昔前に使っていた紙ワイパー）をティッシュペーパーの一種であると勘違いして使用され，「このティッシュ鼻が痛くなる！」と文句をつけていた御仁もいらっしゃいました（元ボス）．確かに箱の形状といい紙の取り出し方といいティッシュペーパーそっくりなのですね．当時はこのエピソードをただ面白がっていただけなのを思い出しました．今となってはとても笑えません．

2 研究の値段を考えよう

小林武彦

　いうまでもなく，研究にはお金が必要です．研究費は申請した研究計画を実行するため「使用を委託」された「他人のお金」であり，大切に，しかも効果的に使うべきです．しかし，まず自分の研究（あるいは研究グループ）にいくらの研究費が「必要」なのかよく考えてみましょう．実験の種類，必要な機器・試薬，出張費，あなたがPIならそれにラボの人数（あるいは一緒に研究する人の人数）をかけ算，等々．これは研究費を申請するときに誰でもやっていますね．

◆ **自分の研究にいくら出せるか**

　ここからが重要ですが，**自分の研究にいくらの研究費を使うのが「妥当」なのか**考えてみます．これは言ってみれば研究費の自己査定です．
　難しいですが，例えば自分がかなりのお金持ちと仮定して，自分自身のお金を「ある研究者」に援助する場合，いくらなら出せるかと想像してみてください．考慮の材料は，期待される成果の価値，期待される論文の数，社会に対する貢献の度合い，若手の育成，計画の実現可能性，これまでの業績からの期待値，等々．そしてその研究はどのくらいおもしろいか，あるいは夢があるか．さあどうですか？

　「妥当額」と「必要額」が同じくらいならいいのですが，「いやー，自分のお金ならこの研究にこんなお金は出せないよ」というのなら，

図1●他人の財布は自分のより重い！ 研究費は大切に効果的に使いましょう

研究費は「他人のお金」です．科研費は税金ですし，財団の研究助成は寄付などの私財です．自分のお金より大切に使うのは当然です．

「必要額」の算出について研究の規模や方法を考え直す必要があるかもしれません．逆に「妥当額」の方が高額の場合，少ない研究費を効果的に使っているということでナイスですね．かといって「ではもっと請求するか！」，なんて決して考えないこと．研究費の財源は限られているので，とり過ぎは他の研究者の分を減らすことになり，結局は回り回って，自分の首を絞めることになります．**研究費をとるために研究するのではなく，研究のために研究費をとる**，という姿勢を忘れずに．

◆研究費は大切に

さて，それでうまいこと「必要かつ妥当な」研究費がとれたと仮定しましょう．次に考えることは研究費の使い方．計画した研究に使うのは当然ですが，**研究費は「他人のお金」です**．少しでも有効利用して，その分たくさん研究がしたいですね．そこで登場するのが節約術です．ドケチと言われても，他人のお金なので節約（適正な執行）は研究者の義務です．決してムダ遣いしないように（図1）．

エコ1

コラム

　研究費は宝くじの当選金ではありません．突然，天から降ってきたお金でもありません．科研費は税金ですし，それ以外の多くの研究費も自分が稼いだお金ではなく「他人のお金」です．そのお金は申請した研究計画を実行するために「使用を委託」されて，つまり他人のお財布をあずかって「使わせてもらっている」わけです．ですので，研究費を正しく，しかも節約して使うことは「当然」であり，ドケチと言われてもあなたの人格が否定されたわけではありません．委託を受けた者の義務として，**むしろドケチであるべき**です．そしてムダを省けばその分たくさん研究ができます．これは直接研究費をとっていない学生や若い研究者でも同じです．**ドケチ術は実は楽しい節約術**なのです．

　とはいえ，多額の予算をとっていること，ラボに人が多いこと，機器がたくさんあることは，研究室の勢い（アクティビティ）を測る1つの物差しと考えられています．それらは相関があるのは真実だと思います．ただお金がかからない個人や小さなグループの研究でも，すばらしい研究はいくらでもあることを忘れてはいけません．むしろそちらの方が歴史的にもメインでしたし，現在大きなラボでも立ち上げ当初は小さなグループだったはずです．何よりも，**よく練られた研究計画に基づく適正な予算規模であること**が最重要です．

3 プロトコール・試薬・ノウハウを共有しよう

村田茂穂

　各試薬メーカーから性能に大して差がないような類似の試薬が各種販売されています．これを単なる嗜好や習慣で個々人が別々のメーカーの試薬を購入することはぜひとも避けたいところです．
　このようなことは猛者の集う大きなラボでは得てしてありがちかもと想像しますが，ラボでプロトコールを共有して皆で同じ試薬を使用すれば，

- 試薬の回転が速くなりフレッシュな状態を保てる
- まとめ買いによるディスカウントも可能

とよいことづくめでしょう．同様の理由で，私たちのラボでは試薬の個人持ちを禁じるとともに，新規の試薬を購入した場合はグループウェアを利用したラボ内電子掲示板に書き込みをして，全員が情報を共有できるようにしています[※1]．

　試薬の情報のみならず，実験のコツ，失敗談，成功談，新しい節約術，等々のノウハウの共有は，実験の上達に役立つのはもちろん，コスト削減にも効果的ですのでお勧めです．

※1：エコ1-4「冷蔵庫・冷凍庫の中身を共有しよう」も参照ください．

エコ1

図1 ● 蛋白質代謝学教室グループの掲示板
左側のカラムにカテゴリが並び，メインの画面では生化学というカテゴリに含まれるトピックが表示されている．

◆ グループウェアを利用したラボ内掲示板をつくろう

　私たちは，サイボウズLiveという無料サービスを利用して掲示板を作成しています．メールによる一斉通知に比べて，

- トピックやカテゴリ別に整理して分類できるので，後から容易に参照可能
- クラウドに安全に保存される
- 容量の大きな実験データなどのファイルを添付可能

ケチらずエコする考え方を会得しよう

図2 ● トピック（bortezomib，プロテアソーム阻害剤）での実際の投稿例

などの利点があります．

　掲示板の構成は，図1のようにまずカテゴリ（培養細胞，生化学，分子生物学など）があり，各カテゴリ内にさまざまなトピック[※2]を含むようにつくっています．図2ではトピックの1つでの実際の投稿例を示しています．

※2：例えば，生化学のカテゴリには，HPLCの使用法についてや，本書エコ2-4でも紹介している自作ケミルミ試薬についてのディスカッションが交わされています．

エコ1

　情報共有を徹底するために，新しい投稿があった際に研究室メンバーに一斉メールで通知するように設定することも可能です．

　実験のTipsは研究室のノウハウの蓄積になりますし，実験方法に疑問を感じた場合に背景や経緯をたどることも容易です．

　新しい試薬を購入した際は，用途や保管場所も付記して投稿しておくと，複数の人が同様の試薬を購入してしまうことが防げるとともに，「こんな試薬があるんだったらちょっと自分の実験にも試してみたいな」という新たな気付きにつながることだってあります．

　変わったところでは，英語論文を書くときの注意点（これは一方的に私が書き込んでいますが）や，修士・博士論文ディフェンスの想定質問などのトピックもあります．

　活きた掲示板を続けるコツは，遠慮したり面倒くさがったりせずに，皆に役立つと思ったら積極的に投稿する習慣をつけることです．ちなみに私の研究室では年間約200件の投稿があります．よいノウハウをもっているのに共有していない場合は，情報共有の有益さを説くとともに，半ば強制的に掲示板に投稿させています．

　大学の場合，毎年何人か学生が入れ替わります．「教授の仕事とは，同じことを懲りずに何度も言うことだ」とある偉い先生に教わったことがありますが，その手間が少しは省ける，というのもPIにとっては利点かもしれません．

4 冷蔵庫・冷凍庫の中身を共有しよう

小林武彦

　消耗品は，基本的に研究室に何を持っていて何を持っていないか，つまり何を買わなければいけないか，ラボのメンバー全員が把握できる状態にしておきます．棚に並んでいる試薬やプラスチック器具類は見ればわかりますが，**問題は冷蔵庫と冷凍庫**．小さいものも多く中身を調べるのはたいへんで，高価な酵素や抗体など期限切れになって眠っていることもよくあります．

　当研究室では，冷蔵庫・冷凍庫の中身も含めていつでもどこででも研究室のストックが見えるように，Googleのスプレッドシートという無料のソフトを使って購入物品のリストをつくっています（図1）．これはネットにつながりさえすれば，閲覧者を限定してエクセルの表のように見ることができます[※1]．

　情報としては購入日時，品名，規格，価格，注文者，納入業者，保管場所が入っています．冷蔵庫の中身がわかるだけでなく，二重注文がなくなり，納入価も比較できます．検索機能がついていて，特に使用期限が短い試薬や酵素の管理に最適です．Googleのスプレッドシートは試薬の管理だけでなくラボセミナーの予定表，ラボのメンバーの予定表，機器の予約表などもつくれてたいへん便利です．

※1：エコ1-3「プロトコール・試薬・ノウハウを共有しよう」も参照ください．

エコ1

日付	入力者	購入代理店	メーカー	カタログ番号	商品名	容量	個数	発注日	納品日	納入価	備考
2016/6/1	小林	○社	ABC社	XXX-XXXA	抗A抗体	50 mg	1	2016/6/2	2016/6/10	50,000	
2016/6/1	小林	○社	ABC社	XXX-XXXB	抗B抗体	100 mg	1	2016/6/2	2016/6/8	40,000	キャンペーン中
2016/6/2	赤松	○社	AAA社	ABXXXXX	酵素ABC	5,000 U	1	2016/6/2	2016/6/15	30,000	直接注文
2016/6/2	赤松	○社	AAA社	AXXXXXX	キットA	50回	2	2016/6/2	2016/6/15	80,000	
2016/6/5	佐々木	□社	BBB社	XXXXXXA	器具A		1			3,000	
2016/6/5	佐々木	□社	BBB社	XXXXXXB	器具B		1			1,500	

| 試薬・消耗品注文表 | 試薬・消耗品参考価格 | ラボミーティング日程 | みんなの予定 | RI注文予定表 | RI室ハイブリオーブン | 電気泳動槽予約表 | Vacuum blotter |

図1 ● Google スプレッドシートの使用例

無料で使えてどこからでも見られて便利です．試薬や物品の購入情報だけでなく，ミーティングのスケジュールなども書き込めます．当研究室では図に示したシートのほか，室温試薬類，−20℃試薬類，Antibody at 4℃，Antibody at −20℃などのシートもつくって管理しています．

ポイントは透明化と情報共有です．それによりコスト意識が強くなります．つまり値段を気にするようになります．

謝辞
本原稿を書くにあたって，当研究室の佐々木真理子さんにご協力いただきました．

5 機器は上手に買おう

小林武彦

　機器類には高額なものもありますので，消耗品を買う[※1]のより注意が必要です．まず一般的なことから入りますと，よく使うそれほど高額ではなく（50万円以下），最新機器でもない，例えばシェーカー，ヒートブロック，小型遠心機などは，有名メーカーより後発品の方が価格も安く，性能もいい場合があります．特にこだわりがなければ**値段重視で選べばいい**でしょう．

　次に，高額な機器類（50万～数百万円）でよく使うもの．ゲル撮影装置，冷凍庫など，かなり種類は多いです．**ポイントは複数業者から見積をとること**です．メーカー間，業者間で競争してもらいましょう．そして大事なことは，必ず「これが精一杯の値段ですか？（最安値ですね）」と確認してください．いってみれば値切り交渉です．恥ずかしいことではありません．これも予算の執行者として当然の行為です．

　また値段交渉とは関係ありませんが，納入実績（過去に何台どこにいれて評判はどうか）も確認して，デモも必ずやってもらいましょう．デモはメーカーの人が来るので，ここでも値切りのチャンスあり，です．

※1：エコ1-4「冷蔵庫・冷凍庫の中身を共有しよう」を参照ください．

 エコ1

6 キットビジネスを理解しよう

安田 圭

　所属するボストン大学で，研究室の同僚があるキットを購入したときのことです．なかに「バッファーXでサンプルを希釈してください」というチューブがあり，サンプルを希釈していました．
　ある日，サンプルが高濃度すぎてバッファーXがなくなってしまい，試薬会社のテクニカルサービスに電話し「バッファーXがなくなったので，組成を教えてくれるか，バッファーXだけ売ってくれませんか？」と伝えました．しばらくの沈黙の後，テクニカルサービスは一言．

Don't tell anybody. It's water.

　キットは初心者でもできるというのがウリです．逆に言えば当然，手順をごちゃごちゃにする初心者に対応しなければいけません．最近はQ社のプラスミド精製キットも最初のバッファーにブルーの試薬が入れられています．なぜなら2つ目のバッファーを入れた後，十分混ぜない初心者がいるからです．こういった理由からも，試薬会社の方は水の入ったチューブでもキットに入れたりするわけですね．**安心感の代償に，水にもお金を払っている可能性がある**ということを忘れてはいけません．

◆ その推奨使用量は本当？

キットの推奨使用量は"絶対失敗しない十分すぎる量"の可能性があります．例えば，PCRキットのプロトコールはたいてい反応容量 50 μL となっていますが，私の研究室では genotyping の場合 25 μL で行っています．全部の試薬を半分にすると，1反応あたりの値段は半分になります[※1]．

また，最後の反応が終わったら「4℃保存」というプロトコールが多いですが，
- PCR 反応の後では酵素はほとんど失活している
- 溶液中に DNA を分解するような要素がない（DNase は分解されているだろうし，pH は DNA に最適な状態のはず）

と考え，「25℃ 1 分 → 終了」で行っています．今のところ問題ありません．節電効果もちりも積もれば山となる，どうぞお試しください．

トランスフォーメーション用のコンピテントセルも同様で，1種のプラスミド DNA に対して1チューブ（50 μL）使うようになっているところを，25 μL ずつの半分に分けて，2種のプラスミド DNA をトランスフォーメーションできています．

なお，キットの SOC 培地が足りなくなったら，巷にあるプロトコールを見れば簡単につくれます．

◆ キットを上手に使おう

ちなみにキットを使用することが悪いわけではありません．例えば Miltenyi Biotec 社の人によると，MACS Tissue Dissociation Kits では

※1：もっと値段を下げたい場合は，チューブに入れる酵素の量を少しずつ減らして検討してみてください．

各臓器を分解するために50種類ほどのcollagenaseを試したとのことです．50種類のcollagenaseを試す気力はほとんどの人にはないので，こういう場合はありがたく使うのが賢明といえるでしょう．

7 機器を貸しあおう

小林武彦

　試薬や機器をいかに安く買うか，ムダをなくすかというのは「標準」レベルの話ですが，ここで紹介するのは「挑戦」レベルの話です．

　機器類ですが，使用頻度が低いものについては付随する消耗品のコストも含めて1回の使用料（ランニングコスト）をよく考えてください．その額によっては**「買わない」選択もあり**だと思います．

　「でもこの機械は頻度は低いけど使うことがあるんだよねー」とおっしゃる声が聞こえてきそうですが，機器の置き場所，コスパ（コストパフォーマンス）を考えるとそれまでの節約による「勝ち分」をすべてもっていかれるくらいの「負け」を生み出しかねません．こういった機器は**基本借りる**ことです[※1]．

　私たちが2015年4月に国立遺伝学研究所から東京大学分子細胞生物学研究所に引っ越しした際，そのような「ときどき使うよな的な機器」が多いのに反省しました．借りることは最初にお願いする勇気さえあれば，後はいいことばかりですよ．例えば，

- いいこと①：いつもその機器を使っているエキスパートに教われます．新しい機械の操作は，最初は結構苦労することが多いです．すでに動いている機器はすぐ使えていいです．

※1：機器によっては使用目的が限定されており，制度的に借りられないものもあるようです．

- いいこと②：そこのラボの方と仲良くなれます．研究室間の風通しの良さは，研究の活性化にもつながります．
- いいこと③：**借りて逆に感謝されることもあります**．自分の研究室で使用頻度が低い機器は，たいてい他のラボでもあまり使われていません．借りたり貸したりという関係は機器に関して健全だと思います．

とはいってもなかなか別のラボからものを借りるのは，抵抗があるという方もいるかもしれません．その場合には「共通機器室」の設置，あるいは「専用の部屋」がなくても共通機器として機器を登録して，**誰でも気兼ねなく使えるようなしくみをつくってしまえばいい**と思います．私たちは，所属している東京大学分子細胞生物学研究所でも，以前お世話になっていた国立遺伝学研究所でも，そのような取り組みをしております．

それいけ！Mr.P！
① エコ の巻

エコ2 🔧 なんでも自作しよう

1 トランスフェクション試薬（PEI-Max）をつくってみよう

村田茂穂

　私のラボは培養細胞に発現プラスミドをトランスフェクションして何が起こるか，という類の実験を毎日のようにたくさんの学生が行っています．この過程で最もコストがかかるのがトランスフェクション試薬でした．可能なかぎりスケールダウンして実験を行っても，なにせ1 mLで5〜6万円もするリポフェクション試薬を使っていたので，年間ウン十万円は使用していたでしょう．

　このコストを下げるべく，昔ながらのリン酸カルシウム法を導入したりもしました．HEK 293T細胞くらいなら十分使えるのですが，操作にやや気を使う必要があったり，実験者によっては細胞が死んでしまったり，それ以外の細胞にはさっぱり使えなかったりと，決定打には至りませんでした．私自身は結構気に入っていたのですが….

　結論から言うと，抜群の経済的効果と実験上の満足度をもたらしたのが，**PEI-Max**です．たまたま審査した博士論文のなかで使用されていたのがこの試薬で，その学生を尋ねて教えを乞うたのが導入の経緯です．

　PEI-Maxは知る人ぞ知るポリエチレンイミン系非脂質性のトランスフェクション試薬で（図1），ネットで検索すればたくさんの情報が得られます．ともかく安価で，市販の高級リポフェクション試薬（例えばI社のL2K）と同じ手順で，これに迫るトランスフェクション効率

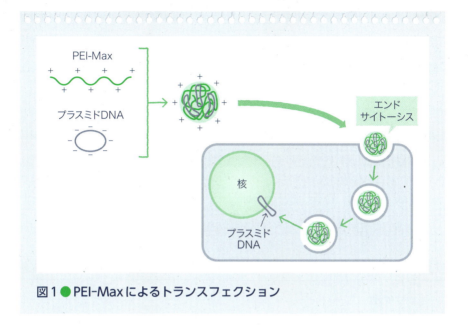

図1 ● PEI-Max によるトランスフェクション

を発揮してくれます[※1].

　PEI-Maxの調製方法はネット上でいくつか掲載されていますが，私たち（というよりその後博士号を無事とったその学生さんのラボ）は，以下に示すようなきわめて簡単な調製法とプロトコールを採用して，うまくいっています．

PEI-Max（1 mg/mL）の調製

準備

- [ ] PEI-Max（Polyethyleneimine"Max"）（Mw40,000）[Polysciences社 Cat.# 24765]

※1：私たちが使用している細胞はHEK 293T細胞，HeLa細胞などの一般的な細胞株が大半です．気むずかしい細胞に関しては当てはまらない部分もあるかもしれませんがご容赦ください．

- ☐ 超純水
- ☐ 滅菌用のシリンジフィルター（ポアサイズ0.22 μm）

手順

❶ メスシリンダーにPEI-Max 100 mgを計り入れ，超純水を100 mLまで加え，完全溶解（容易に溶解する）
  ↓
❷ シリンジにてフィルター滅菌（0.22 μm）
  ↓
❸ 分注し，−20℃にて凍結保存

⚠ 1度融解したものは4 ℃に保存（数カ月以上安定）

PEI-Maxによるプラスミドトランスフェクション

準備

- ☐ 細胞（本例ではHEK 293T細胞）
- ☐ プラスミドDNA
- ☐ 調製したPEI-Max
- ☐ 6ウェルディッシュ〈ラージスケールでは10 cmディッシュ〉
- ☐ Opti-MEM培地

手順

❶ コラーゲンコートした6ウェルディッシュ〈10 cmディッシュ〉に細胞を$5×10^5$〈$3×10^6$〉（〜70％コンフルエント）まき，張り付くまで静置
  ↓
❷ 250 μL〈1.5 mL〉Opti-MEMと4 μL〈24 μL〉PEI-Maxを混ぜ，5分インキュベーション
  ↓

❸ 250 µL〈1.5 mL〉Opti-MEM と 2 µg〈12 µg〉プラスミドDNA を混ぜる

❹ ❷・❸をミックスし，20分インキュベーション

❺ ディッシュに滴下し，穏やかにゆする

⚠ 作業はすべて室温で行ってよい

⚠ Option 細胞毒性が強い場合は，4～6時間後以降に培地交換（通常不要）

　コストは0.01円/µLとただ同然で，高級品の1/3,000の単価です．むしろ**希釈に使用する培地のOpti-MEMの方が高価なので，最近はこれを血清非添加DMEMに変更**し，少なくともHEK 293TとHeLa細胞ではOpti-MEMを使用した場合と遜色ない効率を示しています．

　これまでのところ，HEK 293T細胞では常に90％以上のトランスフェクション効率を得ています．その他，試みた細胞としてHeLa, HT1080, HCT116, L929, U2OS, MEF, S2細胞があり，おおよそ30～70％の導入効率です．最適なDNAとPEI-Maxの比率や量，細胞毒性は細胞の種類によって異なりますので，皆さんが使用される細胞で検討してみてください．

　もちろん市販品の方が細胞毒性やトランスフェクション効率の点で優れた特性を示すこともあるので，実験目的とあわせた上手な使い分けをおすすめします．

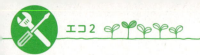

> **コラム**
>
> 　生命科学実験は，便利で優秀な市販試薬にかなりの部分頼って成り立っていることは疑いようもありません．それゆえに，多少その試薬が高価でも購入し続けてしまうのも事実です．
> 　また，私のラボは培養細胞を使った実験がメインなので，相当の金額を細胞培養関連に費やしています．ディスポのプラスチックウェア，培地，血清，トランスフェクション試薬…，どれもヘビー級です．ここにメスを入れられればかなりのエコ効果が期待できるはずです．
> 　本章（エコ2）では「これまで結構なお金を出して買っていた試薬を自作できたら，ちょっといいかも」という節約術をいくつかご紹介していますが，皆さんもぜひ自分の研究にあったものを探してみてください．

2 遺伝子改変自由自在 ベクターをつくってみよう

村田茂穂

　ある注目分子があったとして，その機能を調べるためにさまざまなコンストラクトを作製することになると思います．培養細胞に発現させ免疫沈降実験や局在の観察に使用するためのプラスミドや，その分子の機能に重要と考えられる部位に変異を導入したプラスミド，大腸菌に発現させて組換えタンパク質を精製するためのプラスミド，場合によってはウイルスを作製するためのプラスミドが必要になることもあるでしょう．

　ここではそういったプラスミドを手軽に作製するために私たちが行っている簡単な工夫を紹介します．ベテランの研究者の方には当たり前すぎることがいろいろ書いてあるかもしれませんがご容赦ください．

◆マルチクローニングサイト統一ベクターをつくろう

　市販のプラスミドのマルチクローニングサイト（MCS）はメーカーによって，また同じメーカーでもプラスミドによってばらばらです．ある分子の機能を調べたいと思って，生化学実験のためにFLAGタグ付加用プラスミドにcDNAをサブクローニングしたけれど，次に細胞内局在を観察したいと思って同じcDNAをGFP付加用プラスミドへサブクローニングしたい場合に，最初につくったコンストラクトと同じ制限酵素サイトが使えなかったり，フレームが合っていなかったりするとげんなりしますよね．

エコ2

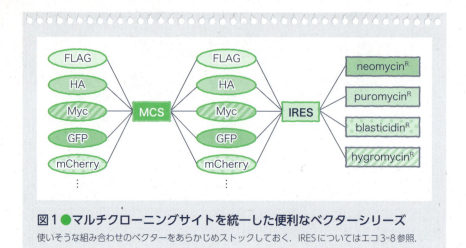

図1 ● マルチクローニングサイトを統一した便利なベクターシリーズ
使いそうな組み合わせのベクターをあらかじめストックしておく．IRESについてはエコ3-8参照．

そういう場合，制限酵素サイトやフレームを新調したプライマーを注文し直してcDNAの増幅からやり直すことが多いのではないかと思います．しかしこれでは，手間もお金も時間ももったいないです．

私のラボでは，細胞培養用のFLAG，HA，Myc，GFP，mCherry，Halo，大腸菌発現用のGST，MBP，Hisのほか，バキュロウイルス，レトロウイルス作製用など，**すべてのプラスミドのMCSを統一したベクターをつくっています**．こうすると，1つのcDNAがあればたちまちさまざまな目的に使用できるプラスミドが簡単に作製できます（図1）．

制限酵素はポピュラーなものにしましょう．EcoRⅠ，BamHⅠ，XhoⅠ，NotⅠがあれば9割以上のcDNAはサブクローニングできます．好みに応じてBglⅡ，SalⅠなどを追加してもよいでしょう．

ちなみに，私はGSTタンパク質大腸菌発現用プラスミドであるGE

Healthcare 社の pGEX-6p-1 の MCS がお気に入りなので，すべてのプラスミドの MCS をこれと類似のものにすることにしています．His タグタンパク質大腸菌発現ベクターである Merck Millipore 社の pET-28a もほぼ同様の制限酵素とフレームが使用可能なので，たいへん使い勝手がよい MCS です．

つくり方はとても簡単です．例として，Clontech 社の pIRESpuro3 というベクター（図 2A）を出発点に改造した場合をお示しします．あまり頻用しないような制限酵素サイトがあっても，これで好みの MCS やタグを挿入できます．

任意の MCS ＋ 短いタグ（FLAG など）の付加

- 合成オリゴを 2 本注文して，アニーリングさせたもの（図 2B）を pIRESpuro3（図 2A）に挿入する

⚠ 60-mer 程度が 2 本ですから，コストは 3,000〜4,000 円程度

任意の MCS ＋ 合成オリゴで作製するのが困難（高価）な大きいタグ（GFP など）の付加

- そのタグの cDNA を鋳型として，MCS を付加したプライマーで PCR したもの（図 2C）を pIRESpuro3（図 2A）に挿入する

さまざまなタグについて同様のことを繰り返せば，目的の統一 MCS ベクターシリーズの完成です．C 末端にタグを付加する場合も同じ要領で簡単にできますので，考えてみてください．

◆ 選択マーカーでも何でも自由に変えよう

図 2 のようにして作製した統一 MCS ベクターシリーズに，図 1 のよ

エコ2

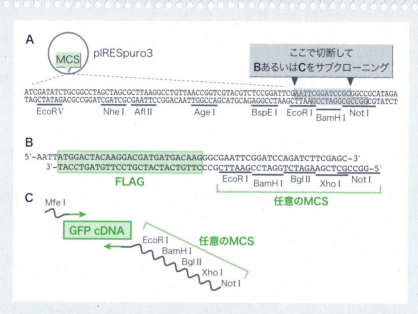

図2 ● MCS統一ベクター作製の一例

A) pIRESpuro3のMCS．

B) N末FLAGと任意のMCSを挿入する方法：FLAG配列＋挿入したいMCS配列の合成オリゴを作製し，アニーリングさせた後，**A**のEcoR Ⅰ-Not Ⅰ間にサブクローニングする（pIRESpuro3内にあるBgl ⅡサイトおよびXho Ⅰサイトはあらかじめつぶしておく必要がある）．

C) N末GFPと任意のMCSを挿入する方法：GFPのcDNAを鋳型として5′側プライマーにMfe Ⅰ（EcoR Ⅰとコンパチブル）[※1]サイトを付加したプライマー，3′側プライマーに挿入したいMCSを付加したプライマーでPCRをかけ，PCR産物をMfe ⅠとNot Ⅰで制限酵素処理したものを，**A**のEcoR ⅠとNot Ⅰ間にサブクローニングする．

うにさらにいろいろな選択マーカーをそろえられると，複数の遺伝子を安定発現する細胞を樹立するときに便利です．うまく選択マーカーカセットだけ制限酵素で乗せ替えられればよいのですが，そんな都合

※1：Mfe ⅠはC*AATTG，EcoR ⅠはG*AATTCで切断されるため，AATTでアニーリングします．連結後はCAATTCとなり，どちらの制限酵素にも切断されません．

のよい話はありません．

　でも遺伝子の改変なんて，少しの分子生物学実験の原則さえ押さえておけば，いかようにも工夫次第でできるのです．キットなんて（たいていの場合は）不要です．最近はfidelityの非常に高いPCR酵素も比較的安価に供給されていますので，PCRを躊躇なく繁用しましょう．原則とは，

- 3′末端に余分な塩基を付加しないDNAポリメラーゼを使用する（fidelityの高いPCR酵素はたいていそうなっています）．PCR産物同士をライゲーションする場合にはじゃまになってしまう
- *in vitro*でDNA断片を連結させるためには，5′末端がリン酸化されていることと，さらにDNAリガーゼの働きが必要．PCRに用いるプライマーの5′末端はリン酸化されていないので，T4キナーゼを用いてリン酸化する
- メチル化DNAを切断する制限酵素DpnⅠは，dam$^+$の大腸菌（JM109やDH5αなど一般的な大腸菌）内で増幅されたプラスミドを切断するが，*in vitro*の酵素反応によって合成されたDNA鎖は切断しない．鋳型に用いたプラスミドが残っており，大腸菌内で再び複製される可能性がある場合に，大腸菌へトランスフォームする前にDpnⅠ処理を行う
- 大腸菌の中に放りこめば，隙間を埋めたり，ニックを修復してくれて，完全な環状プラスミドが完成され，複製される

です．これらの原則さえ守って，PCR酵素，T4キナーゼ，DNAリガーゼ，DpnⅠを上手に組み合わせて使えば，点変異はもちろん，欠失・挿入・置換（長短問わず），多点同時変異導入（近接，遠方問わず）など，「こうすればこんなふうに遺伝子の変異導入やベクターの改変が導入できるはずだ」と思いついたままに改変すること，自由自在です．

 エコ2

メーカーのウェブサイト，個人ウェブサイトなどに遺伝子改変に関するさまざまな上手な方法が出ていますので，参考にしてみてください．私のラボでも，うまい方法を思いついたらラボ掲示板[※2]に掲載するように奨励しています．

ほんの一例として，pIRESpuro3の薬剤耐性遺伝子puromycin^{R}をneomycin^{R}に置換する方法を紹介します．

puromycin^{R}をneomycin^{R}へ置換（選択マーカー置換の一例）（図3）

❶ neomycin^{R}のcDNAを鋳型にして，挿入するプラスミド内の挿入部位直前および直後の配列30塩基前後を5′側に付加したプライマーを用いてPCR増幅（図3A）
⬇
❷ プラスミドを鋳型にして，puromycin^{R}以外の部分をinverse PCRにより増幅（図3B）
⬇
❸ ❶と❷の産物をおおよそ等モルずつ混合して，PCRと同様のサイクル反応を行う（図3C）
▶ 実際は増幅反応ではないので理論上は1サイクルでよいはずだが，念のため15サイクル程度行っている

相補的な領域でアニーリングするとともにPCR産物自体がプライマーとなってほぼ環状プラスミドができあがる
⬇
❹ これをそのまま大腸菌にトランスフォームすれば隙間を連結してくれて，環状プラスミドが完成[※3]

※2：エコ1-3「プロトコール・試薬・ノウハウを共有しよう」を参照ください．
※3：Primer 1とPrimer 3，Primer 2とPrimer 4にそれぞれ共通の制限酵素サイトを付加しておいて，AとBの産物をライゲーションすることによってもつくれます．

なんでも自作しよう

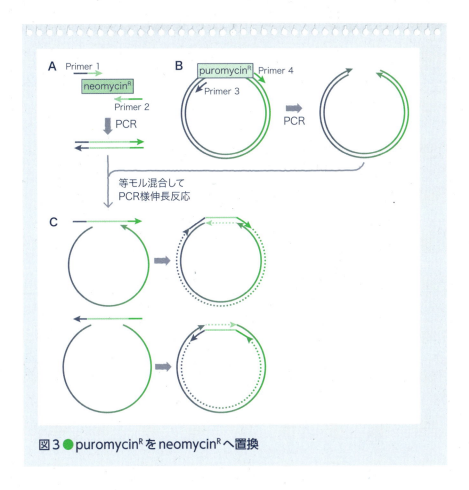

図3 ● puromycin^R を neomycin^R へ置換

　この方法を使えばプロモーターを好みのものに変えることだって簡単ですね．PCR増幅のステップが入っているので，シークエンスしないと気が済まない方もいらっしゃるかもしれませんが，私たちはプラスミドが大腸菌の中で増えて，MCSが使えて挿入遺伝子が発現して，耐性選択マーカーがworkすればOK，と割り切っています．

47

◆制限酵素処理したプラスミドは保存して共用しよう

　　目的のcDNAを発現させたい場合，実験目的に応じたプラスミドベクターへ挿入する必要があります．挿入用に処理したベクターとcDNA断片をライゲーションしたもので大腸菌をトランスフォームしますが，抗生剤入り選択培地にまいた際のバックグラウンドをできるだけ抑えるために，比較的慎重にベクターの制限酵素処理や脱リン酸化処理を行います．

　　そして，バックグラウンドがほとんどなくライゲーションに成功したときは，日々の研究生活においてささやかな喜びが得られる瞬間でもあります（でも人によってはたいして嬉しくないらしいのを聞いてびっくりしたことがあります．私はこういう小さなことでも喜んでくれる学生さんが好きなのですが…）．

　　さて，**首尾よくバックグラウンドが低いことが判明した優秀な処理済みプラスミドベクターは，保存して皆で使いましょう**．2μgのプラスミドを処理して最終的に100μLにすれば，ちょうどよい感じの濃度になっています．毎回のライゲーションに0.5μLずつ使用するとして200回分使えます．経験上，freeze-thawの繰り返しで効率が悪くなると感じられたことはありません．プラスミドの種類×処理した制限酵素の組み合わせごとに，保存しておきましょう．

　特に分子生物学実験に関しては，とことんお膳立てしてくれているキットが世の中にあふれています．「サブクローニングが楽々！」とうたうキットもあるでしょう．でも，時間的余裕がない場合や生涯でただ一度になるであろう実験，というわけでなければ，キットの内容を吟味して，自分で準備可能なものかどうか一度考えてみるとよいと思います．キットから離れて自分の頭で考えられるようになると，原理がよく理解できるようになり，新しい工夫も生まれてきます．

　そうそう，pIRESpuro3には隠れXho Ⅰサイトがありますので（少なくとも10年前の販売品）ご注意を！　そのせいでプラスミド改変するとき余計な苦労をしてしまいました．メーカーにはちゃんと配列を訂正するようにいったのですけどねえ….

3 抗体をつくってみよう

村田茂穂

　抗体は生命科学研究において欠かせない実験ツールであり，抗体の良否が実験の出来・不出来を左右することがしばしばです．タグ付きのコンストラクトを細胞に発現させてそれを観察するのであれば，何種類かの特定の抗体を用意すれば事足りますが，どうしても内在性のタンパク質を観察しなければならないときは，1つひとつ特異的な抗体を用意する必要があります．

　しかし，市販の抗体の高いこと！　たった100 μLでウン万円などと，足もとを見ているとしか思えない価格設定です．試薬会社にしてみれば，良い抗体はドル箱，といったところでしょうか．
　実験者側としては，本当に良い抗体ならまだ我慢できるとしても，しばしば能書きどおり・論文どおりに働いてくれない抗体をつかまされたりして，先生に「買う前にもっとちゃんと調べなさい！」と八つ当たりされてしまう学生さんも…．抗体を買うときには，周囲の信頼できる人が使っているものしか怖くて買えない，というのが多くの研究者の本音でしょう．

◆抗体作製は難しくない

　抗体が必要なとき，実験目的にほぼ間違いなく使用可能とわかっているものが市販されていれば購入します．しかし，そのような抗体が

ないとき，私たちは躊躇なくウサギのポリクローナル抗体を作製しています．

業者に抗原を送って抗体の作製を依頼すると，1抗原あたりウサギ2羽使用，納期3カ月，血清約60 mL/羽，費用15万円前後，というのが相場だと思います．かなり気合いの入ったお金のかけ方で，おいそれと依頼するのがためらわれますね．これが，**納期最短1カ月，血清取り放題，1羽あたりの費用2万円程度**だったらいかがでしょうか？

これは自分で抗体をつくった場合の費用と期間です．かなり気軽に抗体をつくる気になりますよね．かかる費用は，ウサギ1万数千円（週齢にもよる），飼育費が2カ月で5,000円前後（各施設により単価が設定されていると思います），消耗品（アジュバントや注射針など）数千円，といったところです．

私はプロテアソームというサブユニット33個からなる複雑怪奇な構造体の研究をしているおかげで，これまで50種類以上の抗体を自作してきましたが，90％近くの成功率[※1]で目的の抗体を得ています（もちろん成功率は，抗原の種類やタンパク質の存在量にもよるでしょうが…）．プロテアソームは酵母からヒトまでアミノ酸配列の保存性がとても高い分子です．それでも高い成功率でヒトやマウスの抗原に対する抗体がウサギを使ってできているので，巷間で心配されている「免疫ホスト動物と抗原由来動物の種間のアミノ酸配列の差」がそれほど大きくなくても抗体はできるものだと思っています．

このように必要に迫られた結果，抗体を得るまでの期間を短縮し，血清を大量に取り，コストを削減するために生まれた工夫が，以下に

※1：ここでいう成功とは，内在性のタンパク質をウエスタンブロットで検出できたことを指しています．

エコ2

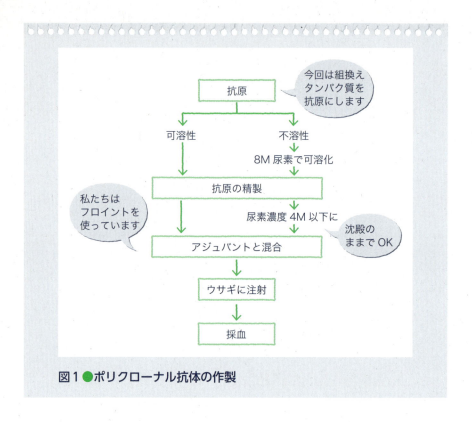

図1 ●ポリクローナル抗体の作製

紹介する方法です．

◆抗原を調製しよう

　抗体をつくるとなると，まず抗原を調製する必要があります（図1）．最初に，目的とするタンパク質の配列から，抗原として組換えタンパク質を発現させる配列を決定します．これについて説明するのは本書の趣旨ではありませんので詳細は割愛しますが，私たちはせいぜい以下の2点くらいしか考慮していません．
● 親水性が高く構造的に分子表面に現れていそうで，うまく抗体がで

きれば免疫沈降に使えることが期待できそうな配列
- ファミリーをもつタンパク質なら，ファミリー間類似の配列を除いた特異性の高い配列

です．この条件を満たす長さ30〜数百アミノ酸長を6×His融合タンパク質として大腸菌で発現させ，精製しています．決め手がない場合は，タンパク質全長を抗原にすることもあります．多少コストはかかりますが，合成ペプチドやリン酸化などの修飾ペプチドでももちろんOKです．

◆抗原は不溶性のものでOK

　大腸菌の可溶性画分から精製できた抗原は，そのままアジュバントと混合して免疫に使用します．精製した抗原の純度が高くない場合は，さらにHPLCで精製することもあります．

　抗原が不溶性となった場合は，封入体を洗浄後，8 M尿素で可溶化してから精製しますが，可溶性になった抗原よりも純度高く大量に抗原が精製できることが多く，不溶性になるとむしろほくそ笑んでいます．

　この場合，8 M尿素のままアジュバントと混合してウサギに注射すると「ウサギを変性させてどうする」とさすがにクレームが付きそうなので，バッファーを等量加えて尿素濃度を4 M以下にしてからエマルジョンを作製しています．ボリュームを増やしたくない場合は透析などで尿素濃度を徐々に下げていってもよいでしょう．

　うまくいけば尿素の濃度をゼロにしても可溶性を保つタンパク質もありますが，濃度を下げる際にタンパク質が沈殿してしまっても気にしません．沈殿のままウサギに注射すればOKです．SDS-PAGEで電

気泳動してバンドを切り出し，抗原として使用するという方法もあるようです（私は試したことありませんが）．要は，抗原提示細胞に取り込まれて，プロセシングされてMHCクラスⅡに乗っかればいいのですから，**不溶性のままウサギに注射してしまってもよい**のです．実際，抗原の可溶性，不溶性によって抗体の出来に差を感じたことはありません．

◆ウサギは日本？ ニュージーランド？

さて，抗原が準備できる頃にあわせてウサギを購入しましょう．日本白色種（JW）とニュージーランドホワイト（NZW）が免疫動物として使用されるウサギの2大品種です．諸説あるようですが，私の経験上では抗体の出来やすさに顕著な差はないように思います．

一度だけ同じ抗原をこの2種にそれぞれ免疫して比較したことがあります．そのときはJWの方がやや出来がよかった経験があり，それ以来，私たちはJWを使用しています．でも単なる個体差のせいだったかもしれませんし，気分的なものと思ってください．むしろ理由として大きいのは，**JWの方が耳が長く大きいため，後述する動脈採血がやりやすい**という点です．

◆たいていの場合1羽で十分

抗体作製を業者に依頼すると，ほとんどの場合2羽を免疫に使用しています．そのこころは，免疫中にウサギが死んでしまう場合がある，個体差があって抗体の出来に差がある，ということらしいです．

確かにウサギの個体差はあるようです．私も抗体作製を始めた当初は型どおり2羽使用して免疫を行っていました．しかし，個体によって抗体価に多少の差はあるものの，片方で良いものができたのにもう

片方ではさっぱりだめ，という経験はありません．また，1羽のウサギを使って抗体作製に失敗した抗原を，新しく購入したウサギに再度免疫したことも何回かありますが，それで成功したという経験もありません．

もちろん業者さんの方が私などより経験値は圧倒的に高く，失敗を確実に防ぐためには2羽使用するのが正しいのでしょうが，エコな実験を目指すこの本では**「ウサギは1羽で十分」**と言っておきます．抗体ができるかどうかは抗原への依存度が最も高い気がしていて，何としてでも抗体がほしい！という場合には1つの分子について2〜3種類異なる抗原を調製して，それぞれ別々のウサギに免疫することにしています．

◆免疫スケジュールは短縮できる

典型的なウサギを使った抗体作製のスケジュールは図2Aのとおりだと思います．ウサギ搬入後1週間飼育して施設に慣れさせ，その後2週間ごとに抗原を注射，5回免疫1週間後に全採血．しかし，この方法では抗体が得られるまで時間がかかるのがネックでした．3回免疫1週間後に採血をしたとしても6週間かかります．

せめて国内在庫なし製品を海外から取り寄せるのにかかる日数程度に短縮できないだろうかと，免疫スケジュールの時短につとめた結果，意外と早く抗体が使えるようになることがわかりました（図2B）．

まず，**ウサギの飼育馴化期間は省略しましょう**．搬入即前採血と1回目の免疫を行います．この作業によって，ウサギが飼育施設に慣れずにふさぎ込むようになったとか，暴れて手に負えなくなった，とい

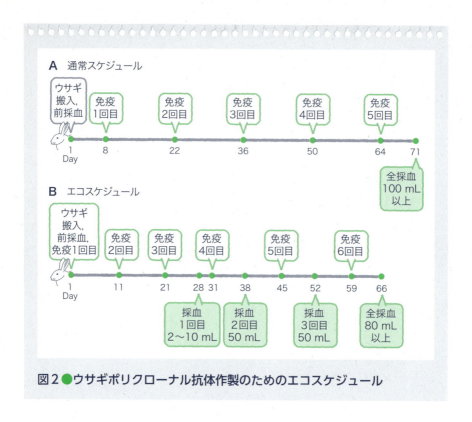

図2 ● ウサギポリクローナル抗体作製のためのエコスケジュール

うようなことは経験していないので，問題ないのだと思います．

その後の免疫の間隔ですが，ヒトがウイルスに初感染して抗体を産生する場合を考えてみました．持続的にウイルス感染状態にあることにより1～2週間後にIgGが産生されはじめ，3～4週後にはすでに，ピーク時（感染後2～3カ月）の約70～80％のIgG量を産生するとされています．「ウサギ免疫学」なる文献があればぜひ参考にしたかったのですがあいにく見当たらず，ウサギの免疫系もヒトと大差ないはずと考えることとしました．そこで，「7～10日間隔の免疫をくり返すことによって絶えず抗原に曝されている状況を模し，初回注射から

3週間以上経過した時点で採血」という方法を試してみることとしました．

　この方法でこれまで，20抗原ほど抗体を作製しましたが，免疫の間隔を10日間隔にして3回免疫の1週間後，すなわち飼育開始から28日目に採血してみたところ，ウエスタンブロット，免疫沈降ともに十分な力価をもつ抗体を得ることが可能だとわかりました．4回免疫後の採血（38日目）にはさらに力価があがりほぼプラトーに達する様子です．厳密に比較しているわけではないので印象でしかありませんが，成功率，力価ともに2週間間隔で5回免疫した場合と遜色ないと判断しています．最速で，7日間隔の免疫3回の1週間後（22日目）で抗体がとれたこともあります．

　免疫スケジュール短縮によって，早く抗体が得られるとともに，ウサギの飼育期間も短縮できて飼育費用も節約できるので，一石二鳥ですね．

◆たくさん採血しよう

　自分で抗体を作製するもう1つのメリットが，好きなだけ採血ができるということです．ウエスタンにしか使用しないのであれば量はそこそこあれば十分でしょうが，免疫沈降や細胞・組織染色に使えるものは，可能なかぎり多くの血清が欲しいものです．抗原でアフィニティー精製する場合や，リクエストがたくさん来た場合に分与するためにも必要でしょう．そういう場合は，ブースト免疫をして採血，ということを何度も繰り返すと好きなだけ血清を得ることができます．

　血清100 μLを2万円で売れるのなら，血清100 mLで2,000万円だな，などとふと頭をよぎって抗体業者になろうかしらと思うこともな

くはないですね．実際，そのくらいのクオリティーの血清が通常取れます．

◆大量採血のテクニック

とはいえ，業者に依頼した場合は当然人件費も費用に含まれているわけで，抗体を自作するのにあまりに大変な思いをしていてはそのメリットも減じてしまいます．一連の作業で最もテクニックを要求されるのが採血でしょう．

一般に，全採血する場合は頸部の動静脈を露出させて採血する方法，心臓を穿刺する方法がとられています．反復採血をしないのであればこれでよいのでしょうが，実は私どものラボにこれらの手技に習熟している者がおらず，通常どおり耳からの反復採血で済ませています．

このとき通常利用されているのは耳介周囲静脈でしょう（図3）．手技は容易で数mL集めるだけならすぐなのですが（とはいえこれも血管のカットの上手下手でかなり差が出ます），ポタポタと50 mLの血液を集めようとすると相当な時間がかかってしまいます．そこで，私たちが大量採血を行う際にルーチンで行っているのは，耳介中心動脈にサーフローを穿刺する方法です．

サーフローとは，血管内に針を留置するために使われる点滴針です（図4）．フレキシブルな素材でできた外筒と金属針の内筒という構造になっていて，最終的には外筒だけを血管内に置いてくる，というしくみになっています．具体的な扱い方はウェブにたくさん出ているので参考にしてください．これを利用すると，動脈ということもあり，血液が噴き出てきて，ものの5分もあれば50 mL採血完了です．たまたま私は医者上がりなので，こんなところでなけなしの医療技術が役

なんでも自作しよう

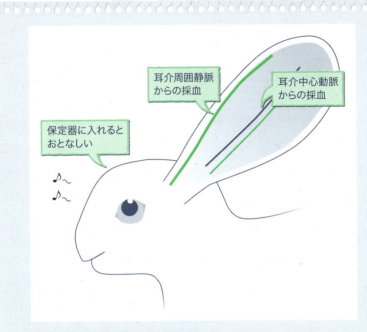

図3● ウサギの耳介からの採血
動脈から採血した後は，完全に止血するまで5分間程度しっかり採血部位を圧迫すること．一発で成功させる心意気で！

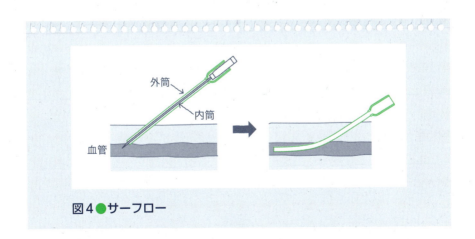

図4● サーフロー

に立ったというわけです.

　経験をいくらか積めばたいていの人は習熟して使えるようになりますし,実際,私のラボのスタッフもマスター済みです.とはいえ,はじめての学生さんがいきなり成功するかというと,残念ながらこれまで一度もお目にかかったことはないので,静脈採血よりは難易度は高いと言わざるをえないでしょう.私のラボの場合,平均して3回目くらいでちゃんと採血できるようになっています.

◆抗体作製のススメ

　自作の抗体にこだわるようになったのは,論文や添付文書では見事に当たっている抗体を購入してみると,さっぱり使えなかったという体験を何度かしたからです.まさにお金をドブに捨てたような気持ちになりますよね.そのおかげもあって,学生・ポスドクの頃は常時抗体をつくっていました.2～3種類ずつ,ときにはもっとたくさんの種類を,数カ月のタームで,ひたすら抗体をつくっていました.

　ここではウサギのポリクローナル抗体の作製方法を紹介しましたが,血清数百μLあればとりあえず十分という方は,マウスのポリクローナル抗体をまず作製する,という手段もポピュラーなようです.私自身は経験がないので紹介できませんが,そのうちぜひトライしてみたいと思っている手技でもあります.

　また,外注すると100万円は下らないモノクローナル抗体の作製も,意外に安価な費用(数万円程度)でできます.こちらはさすがに手間がかかるのでルーチンには行っていませんが,モノクローナル化する手前(限外希釈前)までなら約1カ月で完了し,その培養上清は通常十分使用可能な抗体を含んでいます.

CRISPRなどで遺伝子を改変して内在性に発現するタンパク質にタグを付加できるようになりつつありますが，タグ付きよりはやっぱりスッピンのタンパク質の挙動の方が正しい場合も多いことを痛感しています．たとえ遺伝子改変が容易になったとしても抗体の重要性が下がることはないでしょう．

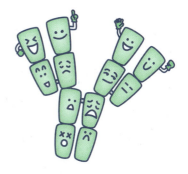

4 ケミルミ試薬をつくってみよう

村田茂穂

　ご存じのとおり，ウエスタンブロットの工程は，
- ゲル電気泳動→トランスファー→ブロッキング→一次抗体→洗浄→二次抗体→洗浄→発光（あるいは発色・蛍光）

です．電気泳動のゲルを自作するのは当然として（とはいえ市販ゲルの泳動品質に感嘆することもしばしばですが），他に自作できるものといえば，HRP[※1]標識二次抗体を検出する化学発光（通称ケミルミ）試薬でしょう．検出方法として最も一般的と思われますし，すでにかなりの方が自作をされているのではないでしょうか．

◆原理をおさらい

　ケミルミの原理はルミノール反応です．アルカリ条件のもと，過酸化水素の存在下でHRPはルミノールの酸化を触媒します．酸化されて励起状態になったルミノールが基底状態へ移行するときに発光するのです．この発光はフェノール環をもつ化合物（エンハンサー）が存在すると強く増感されます（図1）．つまり，**アルカリ性のバッファーにルミノール，エンハンサー，過酸化水素が入った液**をHRP標識二次抗体で処理したメンブレンに振りかければ，二次抗体が反応している場所で発光が起こるわけです．

※1：HRP：horse radish peroxidase．よく料理に添えられている西洋ワサビに含まれる酵素です．

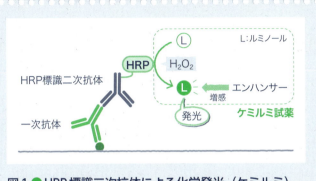

図1 ● HRP標識二次抗体による化学発光（ケミルミ）

◆つくってみよう

　原理さえわかれば自作することは可能です．ネットで「homemade ECL」などと検索すればたくさんレシピが出てくるので参考にしてください．例として，私たちが使用している組成を紹介します．

homemade ECL のレシピの一例

準備

A液
- ☐ 100 mM Tris-HCl（pH8.5）
- ☐ 0.4 mM p-クマル酸
- ☐ 5 mM ルミノール

B液
- ☐ 0.04％過酸化水素（H_2O_2）
- ☐ 100 mM Tris-Hcl（pH8.5）

 エコ2

> **手順**
> ● A液500 μLとB液500 μLを混ぜて使用
> ⚠ 他にもいろいろなレシピがウェブに載っているので参考にしてみてください

　この組成は，高感度をうたっていない標準的なケミルミ試薬とほぼ同等に使用可能です．むしろ，**圧倒的に安価なため使用量をケチる必要がなく，気楽に使用できるメリットがあります**．一方，露光1～2分以上になると反応の強いバンドはプラトーに達してしまう傾向はあり，比較的高い定量性が求められる実験には要注意です．

　市販されているものには，感度を高めたものや発光持続時間を延ばしたものなど，高い検出感度を売りにするものもありますが，さすがにそれらには及びません．こういった商品はルミノールの誘導体を使用したり，エンハンサーを工夫したりしているものと推測しますが，私たちとしては**日常的なウエスタンの検出を代用できれば十分**なので，現在のところ高感度レシピの追求はしておりません．

5 汎用酵素をつくってみよう

村田茂穂

　生命科学実験で利用されているさまざまな酵素も，もとをたどれば過去の論文の成果にたどり着きます．その情報を活用して，現在使用中の高価な酵素を自前で調製できれば，実験コストに対する心理的バリアも下がり，研究促進に有効です．

　こういった酵素は容易には取得できない，あるいは扱えないような微生物由来のものが多いのですが，最近は人工遺伝子が比較的安価に合成できるようになってきたこともあり，大腸菌発現にコドンを最適化したこれらのcDNAを容易につくることができます．そんななかから，私たちが実際に精製・活用している酵素をいくつかご紹介します．

❶ rTaq DNA ポリメラーゼ

　まさにTaqという呼び名のもととなった好熱菌 Thermus aquaticus YT-1由来のDNAポリメラーゼで，古典的かつスタンダードなPCR酵素といえるでしょう（NCBI accession# J04639）．fidelityや伸長性にやや難があり，正確な増幅や長い増幅が必要な実験には使いにくいのですが，大腸菌コロニーPCRによるインサートチェックや，マウスのgenotypingなどには十分活用できます．大腸菌での発現も良好で，精製方法も至って簡単かつユニークです[1]．

rTaqの精製手順

準備

バッファーA
- ☐ 50 mM Tris-HCl（pH8.0）
- ☐ 50 mM グルコース
- ☐ 1 mM EDTA-Na（pH8.0）

lysis バッファー
- ☐ 10 mM Tris-HCl（pH8.0）
- ☐ 50 mM KCl
- ☐ 1 mM EDTA-Na（pH8.0）
- ☐ 0.5% Tween-20
- ☐ 0.5% NP-40

storage バッファー
- ☐ 50 mM Tris-HCl（pH8.0）
- ☐ 50 mM KCl
- ☐ 0.1 mM EDTA-Na（pH8.0）
- ☐ 1 mM DTT

10×PCR反応バッファー
- ☐ 200 mM Tris-HCl（pH8.5）
- ☐ 500 mM KCl
- ☐ 20 mM MgCl$_2$
- ☐ 0.1% ゼラチン

- ☐ 大腸菌発現系
  ▶私たちはIPTGで発現誘導している
- ☐ リゾチーム
- ☐ 硫酸アンモニウム

手順

❶ rTaq発現プラスミドでトランスフォームした大腸菌を37℃で1 L培養，IPTGで誘導
  ↓
❷ 菌体をバッファーA 50 mLに懸濁し，リゾチーム200 mgを加えて室温で15分間撹拌
  ↓

❸ lysisバッファー50 mLを加え，75℃で1時間穏やかに撹拌
　▶ rTaq以外のタンパク質を変性させる
　↓
❹ サンプルを遠心し，上清に30 gの硫酸アンモニウムをゆっくり加えることにより硫安分画
　↓
❺ サンプルを遠心し，沈殿をバッファーAに溶解
　↓
❻ storageバッファーに対して透析
　↓
❼ サンプルを遠心し，上清に等量のstorageバッファーを加え，−20℃で保存

⚠ PCR反応の際は，20 μLの反応系に対して本液0.25 μLを用いる
⚠ 反応バッファーは一例です．検討の余地があるでしょう

　この酵素を利用した最終outputがタンパク質ではなくDNAなので，精製もラフで十分というわけですね．

　ウェブで検索するとhomemadeですでに利用している研究室はかなり多そうです．PCRバッファーも手づくりになりますが，Mg濃度，ゼラチン，硫酸アンモニウム，DMSO，TweenなどPCR効率を高めるための最適な混ぜものを試すのも，学生さんのよい勉強になるかもしれません．

❷ 3Cプロテアーゼ

　風邪ひきの代表的な原因ウイルスとして有名なヒトライノウイルス由来のシステインプロテアーゼです（NCBI accession# NP_740524）．高い配列特異性をもち，LEVLFQ↓GPという，いわゆる"PreScissionサイト"[※1]を認識し，グルタミンとグリシンの間を切断します．タグ

付きで発現させたタンパク質のタグを切り離すためによく使用される配列と酵素ですね．4℃というタンパク質に優しい温度でプロテアーゼ活性を示してくれるので，タンパク質を扱っている方には重宝されていると思います．

この酵素自体をGSTタンパク質として大腸菌に発現させると簡単に精製できます[2]．使い道によっては，HPLCなどを利用してさらに純度を高めることも必要かもしれません．

❸ Sm ヌクレアーゼ

常在菌ですが日和見感染を起こすことがあるセラチア（*Serratia marcescens*）というグラム陰性桿菌由来の核酸分解酵素で，DNAやRNAがじゃまなときに重宝する酵素です（NCBI accession# AAB28210）．4℃でヌクレアーゼ活性を示して核酸による粘稠性を解消してくれるので，脆弱な核内複合体を，手荒なことをせずに優しく取ってきたい，というときに私たちはよく使っています．それ以外にも多彩な用途がありますが，はっきり言ってしまえばM. M.社のBという酵素と同等のものですので，有用性はそちらで確認いただければと思います．

大腸菌に発現させたときの精製ですが，私たちはHisタグ融合タンパク質として発現させて精製しています．ほとんど封入体に行くので，尿素で封入体を可溶化後，Ni-NTAビーズで精製し，透析によってゆっくり尿素濃度をゼロまでもっていきながらリフォールディングさせています．

※1：G社同名プロテアーゼの切断認識配列．

Sm ヌクレアーゼの精製手順

準備

lysis バッファー
- [ ] 1% NP-40/PBS

8 M urea バッファー
- [ ] 10 mM Tris-HCl（pH7.5）
- [ ] 10 mM イミダゾール or 300 mM イミダゾール
- [ ] 8 M 尿素

storage バッファー
- [ ] 50 mM Tris-HCl（pH8.0）
- [ ] 20 mM NaCl
- [ ] 2 mM $MgCl_2$
- [ ] 50％グリセロール

- [ ] 大腸菌発現系
- [ ] Ni-NTA ビーズ

手順

❶ His-Sm エンドヌクレアーゼ発現プラスミドでトランスフォームした大腸菌を37℃で500 mL培養，IPTGで誘導
　↓
❷ 菌体をlysisバッファー 25 mLに懸濁し，超音波破砕
　↓
❸ 遠心し，上清を捨てる
　↓
❹ 沈殿にlysisバッファー 20 mLを加え，超音波破砕により沈殿を分散後，遠心し上清を捨てる（沈殿の洗浄）
　↓

❺沈殿に 10 mM イミダゾール入り 8 M urea バッファー 40 mL を加え，超音波破砕により分散後，室温でオーバーナイトで振とうすることにより溶解
⬇
❻遠心し，上清を回収
⬇
❼Ni-NTA ビーズを加え，通常の His タグタンパク質精製と同じ手順で精製，300 mM イミダゾール入り 8 M urea バッファーで溶出（室温）
⬇
❽8 M urea バッファーに対して透析を開始し，透析液を storage バッファーにより 1～2 日かけて徐々に薄めていく
　▶尿素濃度 1～2 M 付近で析出しやすいので，このあたりはゆっくりと希釈していく（4℃）
⬇
❾50％グリセロール入り storage バッファーに対して透析完了後，－20℃保存

　そもそもこの酵素の用途に，封入体タンパク質のリフォールディングがあげられているだけあって，途中沈殿することもなく強い活性をもつ酵素が精製できます[3]．

◆ 文献
1）Pluthero, FG：Nucleic Acids Res, 21：4850-4851, 1993
2）Leong, LE-C, et al：J Crystal Growth, 122：246-252, 1992
3）Friedhoff P, et al：Protein Expr Purif, 5：37-43, 1994

なんでも自作しよう

　この頃では何も試薬を調製しなくても実験ができるくらい，何でも売られています．TAEやPBSなど簡単に調製できるバッファーでさえ売られているのには驚きです．
　利用のしかたによっては市販品を買った方が手間暇を考えるとよほど効率がよいということも当然あるのでしょうし，それぞれの研究室の実情にあわせて本書を参考にしていただけるとよいかと思います．でも，いろんなことで忙しい研究者は別としても，時間的に余裕のある学生さんは，ネットで遊んでいる暇があるのだったら自分が使っている試薬についてちょっと掘り下げて調べてみたら，とても勉強になると思います．「カレー粉」で納得するか，「クミン，ターメリック，ナツメグ，…」と凝るかの違いに近いものがありますが，私は後者の方が科学者としては向いているかな〜，と思います．

6 ELISAをつくってみよう

安田 圭

　私の研究室のELISAは，たいてい自分で抗体とスタンダードを選んでプロトコールを自作しています．理由は，いったん費用を下げれば後は心置きなく湯水のように使えるからです．もっとも，マウスの血清など，サンプルの量が少ないときはLuminex[※1]も使いますし，いちいち自作する必要がないほど安いELISAキットも存在しているので，その場合は遠慮なくキットを購入しています．

　なお，ELISAキットを使うとき，最初にすることは**「100 μL」使うようにと書いてあるプロトコールを全部「50 μL」に変える**ことです．「データがガタガタになった！」という方にはオススメできませんが，私の研究室では今のところ大丈夫です．プレート20枚用キットが40枚分使えることになるので，それだけでかなりエコになります．

◆お高いキットは自作でコストダウン

　問題は96ウェルプレート1枚分で600 USDぐらいするELISAキットの場合です．同じ会社が抗体を単品で売っていれば，それを購入して自作を試みます．その抗体はELISAキットに使われているものと同

[※1] Luminex：蛍光マイクロビーズを一次抗体で標識しサンプルと混合，二次抗体で検出する方法．これだけ聞くとELISAと似たようなものですが，フローサイトメトリーと共通の検出系を用いることで，1つのサンプルから同時に500項目まで検出できます．

じに違いない（という勝手な予測）からです[※2]．

　良い抗体さえ手に入れば系を組み立てるのは意外とラクチンです．なによりおかしなデータに出くわしたとき，自作のプロトコールなら何が原因かわかりやすいというメリットもあります．

ELISAの自作

準備

- ☐ ELISA プレート
  - ▶ 私の研究室ではNunc製のマキシソープを使用．日本にいたときは住友ベークライト社のELISAプレートを使用していた（今でもあるようですね）
- ☐ capture Ab：1～10 μg/mLで使用
- ☐ ELISA wash buffer（0.05％ Tween/PBS）
- ☐ bovine serum albumin（fraction V, heat shock treated）
- ☐ standard（recombinant protein）
  - ▶ 研究室ではたまに培養細胞に加えたりするので，endotoxinの少ないものでcareer-freeのものをFBS入り培地で溶解して保存
- ☐ detection Ab（ビオチンがついたもの）：1～10 μg/mLで使用
- ☐ ストレプトアビジン–HRP
  - ▶ ELISAでは何倍希釈をすればいいか書いてあるものがオススメ
- ☐ TMB substrate
  - ▶ 私の研究室ではBD社のものを使用

⚠ 抗体の希釈は，データシートに親切に書いてあるときはそのとおりに使う

⚠ 大事なのは，どのELISAでもたいていcapture Abは1～10 μg/mLで使用すること．detection Abも同じぐらいか，capture Abの濃度よりもやや低い濃度とする（capture Abとdetection Abに同じクローンを使わないよう，ご注意！）

⚠ capture Abを希釈するバッファーは，私の研究室ではPBSだけである．ELISAには普通2種類のバッファーがあるが，5種類ぐらい同時にELISAをするときにいちいちバッファーが違うと面倒なため

[※2]：ELISAキットの抗体と単品で売られている抗体が違うという，意地悪な会社もあるのでご注意．

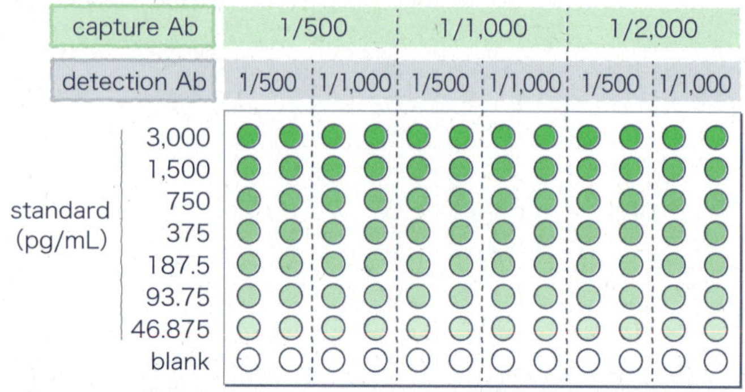

エコ2

capture Ab	1/500		1/1,000		1/2,000	
detection Ab	1/500	1/1,000	1/500	1/1,000	1/500	1/1,000

standard (pg/mL):
- 3,000
- 1,500
- 750
- 375
- 187.5
- 93.75
- 46.875
- blank

図1 ● 条件検討の準備

手順

条件をとるところから始めます．

❶ 96ウェルELISAプレートを1枚用意する

↓

❷ capture Abの濃度を変えてコーティングし，パラフィルムでカバーして一晩4℃でおく（図1）

↓

❸ ELISA wash buffer（0.05% Tween/PBS）で3回洗う

　▶ 私の研究室ではタッパーウェアにwash bufferを入れた後，プレートのサンプルを最初に捨てて，その後プレートを沈めて洗っている．危険なサンプル（ヒトのサンプルとか，ウイルスの入っているサンプルとか）の場合はこの方法を使わないよう注意

↓

❹ 1% BSA/PBSで1〜2時間ブロッキングする

↓

❺ ELISA wash bufferで3回洗う

↓

❻ standardを50μLずつ加える

> ▶ standardの濃度は5,000 pg/mLが最高濃度のものから，500 pg/mLが最高濃度のものまで，さまざまな条件が考えられる

⬇

❼ 2時間室温でおく

> ▶ 検出するタンパク質によるが，研究室から帰りたい場合はここでパラフィルムでカバーをして冷蔵庫に入れる

⬇

❽ ELISA wash bufferで3回洗う

⬇

❾ detection Abを，これまた濃度を変えて50 μLずつ加え，2時間室温でおく

⬇

❿ ELISA wash bufferで3回洗う

⬇

⓫ ストレプトアビジン-HRPを希釈して加え，20分室温でおく．

> ▶ BD社のストレプトアビジン-HRPは1/1,000で使用すると添付文書に書いてあるが，バックグラウンドが高くなるので1/2,000希釈である．ELISAごとに濃度が違うとややこしいので，私の研究室では全部1/2,000希釈にしている

⬇

⓬ ELISA wash bufferで5回洗う

⬇

⓭ TMB substrateを加えて，standardの最高濃度のウェルが青色になるまで待つ

結果は図2のようになります．

条件の選び方ですが，

- standardの最高濃度とblankのODの幅が広い方がよい
- capture Abとdetection Abの濃度が高いとプレート1枚あたりの単価が高くなるので，できるだけ低い濃度を選ぶ
- あまりcapture Abとdetection Abの濃度が低いと，今度はTMB substrateの時間が長過ぎて帰れない＆データがよくないので，ほ

エコ2

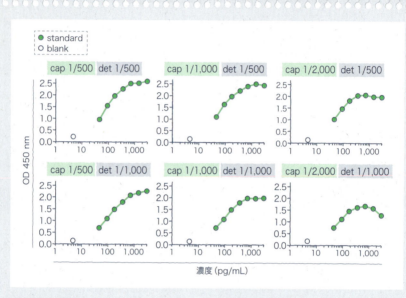

図2 ● 条件検討

どほどに
- standardの最高濃度のODが飽和しているところのデータは信用できない

ということを考慮します．このELISAではcapture Ab 1/1,000, detection Ab 1/1,000, standardは1,000 pg/mLからで使用することにしました．結果は図3をご覧あれ．

このELISAの場合は，1,000 pg/mLと500 pg/mLのODがまだあまり変わらないのと，最低濃度とblankのODに差がまだあるので，結局standardは最高濃度500 pg/mLからに変更して使用することにしました．このELISAの値段は表1のようになります．

一番やりやすい方法としては，キットを使った後に余っている抗体

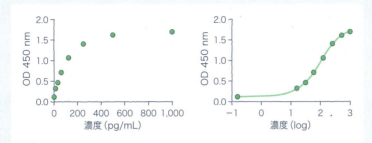

図3● 自作ELISAの条件選択例
cap 1/1,000, det 1/1,000, standard 1,000 pg/mLから使用.

表1● キットと自作の値段比較

	値段（USD）	プレート1枚あたりのコスト（USD）
キットを購入して使用（capture Ab, detection Ab, standard, ストレプトアビジン-HRPの入っているキット）		
指示どおり100 μL/ウェルで使用した場合 (15プレート)	649	43.27
100 μL/ウェルから50 μL/ウェルにした場合 (30プレート)		**21.64**
キットを売っている会社から抗体を買って自作した場合		
capture Ab	339	1.70
detection Ab	390	7.80
ストレプトアビジン-HRP	125	0.31
standard	270	0.01
合計	999（ストレプトアビジン-HRP以外）	**9.81**

（2016年5月現在）

とstandardを使って設定していく方法です．capture Abとstandardが余っていたらdetection Abのみ購入して設定，その後capture Abがなくなったら新しく購入してまた設定というようになります．

とにかく，生物学で何かの濃度や量を1/2にしたり1/4にしたりすることは結構簡単ですが，研究費の方が2倍や4倍になることはまずないので，検討の価値あります．もっとも，ELISAの設定に1カ月もかかったり，抗体の選び間違いをすると本末転倒だったりするので，くれぐれもご注意を．

「一番のエコ実験は何か」．この問いへの答えはおそらく「ムダな実験をしない」ことと，「実験に失敗しない」ことでしょう．さらに言うと「論文発表されない実験データほどムダなものはない！と肝に命じる」ことが大事ですが，私自身これには修行がまだまだ足りないようです．

ここではもう少し手の届くところにあるエコ実験，ELISAの自作をご紹介しました．私のいる免疫分野をはじめ分泌性の因子を研究する方には，ELISAキットが高いために思う存分実験ができないという方がいるでしょう．海外のラボで私が"ELISA Queen"と呼ばれるまでになった経験が，お役に立てば幸いです．

7 PAPペンを浴室用コーキング剤で代用してみよう

中川真一

　PAPペン．スライドグラスの周辺に疎水性のバリアをつくり，抗体反応の作業性を格段に向上させるうえ，抗体液も節約できるという染物屋の必須アイテムでした．ところが，1990年代にその性能を担保していた強力な有機溶媒の使用が世界的に禁止され，現在出回っている市販品では，Tween-20などの界面活性剤やホルムアミドなどの変性剤ですぐにバリアが決壊してしまいます．

　そこで登場するのが，**浴室用充填（コーキング）剤**です．シリコン系のコーキング剤を少量綿棒の先に付け，スライドグラスの周辺に薄く延ばしてやると，旧PAPペンよりもさらに強力で薬剤耐性も高い疎水性のバリアができあがります．

コーキング剤による疎水性バリア作製（図1）

手順

❶ コーキング剤を少量エッペンドルフチューブに押し出す

❷ 綿棒にコーキング剤を少量付け，チューブのフタの壁に回しながら押し付け，余分なコーキング剤を落とす

❸ 綿棒の側面を使いながら，スライドグラスの外周にコーキング剤を薄く塗りつける

エコ2

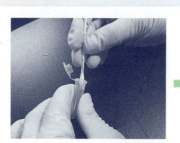
エッペンドルフチューブに入れたコーキング剤を，綿棒に少量付ける

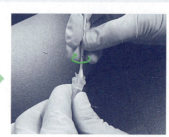
チューブのフタの壁に回しながら押し付け，余分なコーキング剤を落とす

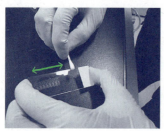
綿棒の側面を使いながら，スライドグラスの外周にコーキング剤を薄く塗りつける

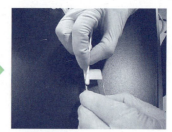
スライドグラスを回転させ，隙間のないよう四辺に塗る

図1●スライドグラスへのコーキング剤塗布
movie 羊土社ホームページ上で動画をご覧いただけます．

❹ 室温で2時間（もしくは60℃で10分）置いてコーキング剤がある程度固まるのを待つ

↓

❺ 通常の染色開始

　染色が終わればそのままカバーグラスをかけることもできます．バ

エコ2

❹ 綿棒を折り，紙棒の末端を使ってコーキング剤を外周に薄く塗り付ける
↓
❺ PBSを少量のせ室温で2時間おいてある程度固まらせる
↓
❻ 通常の染色開始
↓
❼ 剪定ばさみで壁を壊し，円形のカバーグラスをマウント，観察

　何も工夫しないと抗体液をかなりたくさん使用しなくてはならないので，培養皿の表面の外周をぐるりと綿棒でぬぐい，さらにコーキング剤[※2]を塗り付けておけば，3.5 cmの培養皿あたり50 μLほどで染色可能です．この際，綿棒を真ん中で2つに折った紙の棒の切り口部分を使うと，ぬぐった外周の幅に収まる細めの疎水性バリアをつくることができます（図1）．

　慣れてくれば，1つの皿を4区画に区切ってマルチウェル化することで，それぞれ異なる抗体液を使った染色も可能です（図2）．ただし，この場合，最初の洗浄は各区画ごとに行わないと，クロスコンタミネーションが起きるので注意が必要になります．

※2：エコ2-7「PAPペンを浴室用コーキング剤で代用してみよう」を参照ください．

なんでも自作しよう

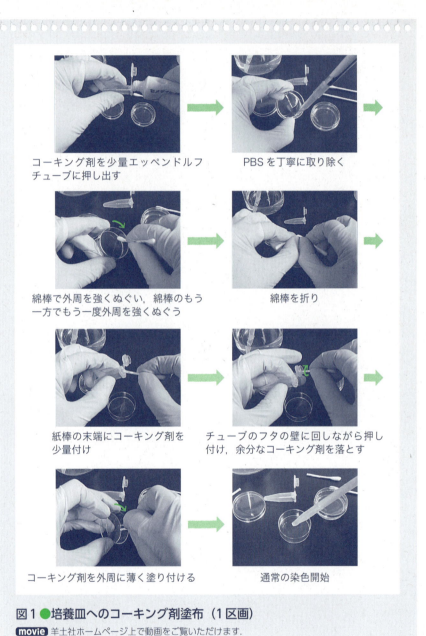

図1 ● 培養皿へのコーキング剤塗布（1区画）
movie 羊土社ホームページ上で動画をご覧いただけます．

8 チャンバースライドを培養皿で代用してみよう

中川真一

　培養細胞の染色をする際によく使われるマルチウェルチャンバースライド．確かに便利ですが，なかなかよいお値段で，抗体のチェックなどに使うのは言語道断！しかも，細胞の接着性が非常に悪く，海馬神経細胞の初代培養のようなデリケートな実験には全く適しません．カバーグラスを洗浄して poly-L-lysine などでコートしたものを使えばコスト面，性能面で全く申し分ありませんが，ちと面倒臭い．

　そのようなときは，**プラスチック培養皿そのものを染色用に使ってしまうのが最強**です．ここでは，コーキング剤を使って培養皿をマルチウェルに早がわりさせる技もご紹介します[※1]．

培養皿染色（図1）

手順

❶ 固定後，PBSで洗浄した培養皿を用意する
　↓
❷ PBSを丁寧に取り除き，綿棒で外周を強くぬぐう
　↓
❸ 綿棒のもう一方でもう一度外周を強くぬぐう
　↓

※1：顕微鏡観察の具体的な方法は，エコ3-9「細胞はカバーグラスに生やさないと染色できない？」を参照ください．

リアの厚みでカバーグラスが浮いてしまうようなときは，片刃のカミソリでこそぎ落としてやれば問題ありません．

　抗体染色や *in situ* hybridizationといったいわゆる「染物系」の実験．原理自体はシンプルで，確固たるプロトコールも確立されているので技術的には飽和感がありますが，大幅に作業効率が向上する細かな「カイゼン」の余地は意外とあるものです．

　とはいえ，研究者は基本的に保守的で，たとえば少々コストの削減につながるとか，シグナル強度が若干改善するとか，その程度のことであればかたくなに現行プロトコールを守る傾向が強いです．実際，プロトコールを変えて失敗したときの被害は往々にして甚大であり，保守的な姿勢こそが正しい判断なことの方が多いのも事実でしょう．「枝葉末節の効率の改善を追求する時間があったら本業の実験に集中しなさい」．どのようなラボでも，気の利いた中間管理職であればそんな小言を一回は口にしたことがあるでしょう．

　しかし，しかしです．そもそも毎日同じことばかりやっていてはつまらないではないですか．ともすれば退屈になりがちな日々の作業にささやかな色彩を加えるような，ちょっとした遊び心があってもよいでしょう．ましてやそれが得られる実験結果を変えず，むしろ効率を上げるのであれば，なおさらです．何でも試してみる．やはりそれが実験というものでしょう．

なんでも自作しよう

図2 ● 培養皿へのコーキング剤塗布（4区画）
movie 羊土社ホームページ上で動画をご覧いただけます．

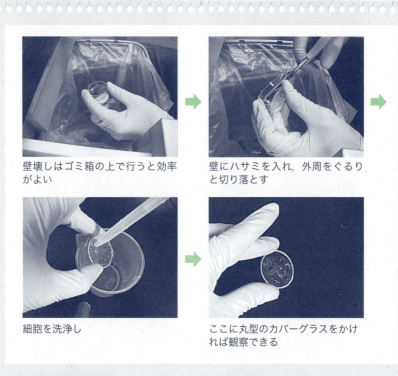

図3 ● 培養皿の壁壊し

movie 羊土社ホームページ上で動画をご覧いただけます．

　顕微鏡観察する際は壁をバキバキと丈夫なハサミ（剪定バサミが便利）で壊し，丸型のカバーグラスをかけてやればよいでしょう（図3）．ちなみにメーカーによっては，培養皿の壁が頑丈につくってあり，剪定バサミをもってしても壊せないものもあります．Nunc製の培養皿は壁が薄く扱いやすいのでオススメです．

9 染色用チャンバーをつくってみよう

中川真一

　スライドグラスを用いた染色の際に欠かせない染色用チャンバー．市販されている製品もありますが，角形シャーレと1 mLピペットで簡単に手づくりできます（図1）．

　適当な長さに折った1 mLピペットを角形シャーレに貼り付ける際，コーキング剤[※1]がまたまた便利です．念のため60℃で一晩固まらせれば，もう動きません．木工用ボンドや工作用ボンドなどで接着しても，高温多湿の条件下では数回使うとすぐに剥がれてしまいます．**コーキング剤で接着しておけば，滅多なことでははがれないので安心**です．

※1：エコ2-7「PAPペンを浴室用コーキング剤で代用してみよう」を参照ください．

エコ2

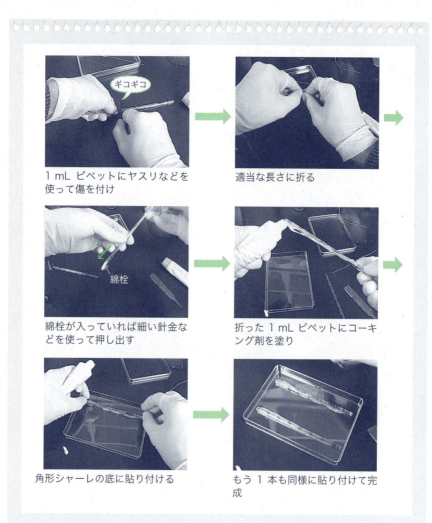

図1 ● 染色用チャンバーの作製
movie 羊土社ホームページ上で動画をご覧いただけます．

10 高級マウント剤をPVAとTDEで代用してみよう

中川真一

　染色が終わって最後の儀式がカバーグラスのマウントですが，最近ではさまざまな機能をうたったマウント剤が市販されています．マウント後，マニキュアなどのシールをしなくても固まるマウント剤は非常に便利ですが，これまた非常に高価であるうえに容量も少ない….

　ここで便利なのが，洗濯のりの成分，すなわち **PVA**（polyvinylalcohol）です[1]．ちなみに洗濯のりそのものを使ったことはありませんが，使えるかもしれません．どなたかトライを！

PVAマウント剤作製

手順

❶ PVA 5 g（70～100 kD）を50 mLのコニカルチューブに入れる

❷ 水を30 mLほど入れ，60℃で溶かす
　▶ 数時間かかる．溶けないときはボイルする

❸ グリセロールを5 mL，DABCO［SIGMA-ALDRICH社 #280-57-9］を1 mL，TBSもしくはPBSを5 mL入れる

❹ 1 mLずつ分注して−20℃に保存する
　▶ 使用中のマウント剤は室温で数週間保存可

また,油浸レンズ用のオイルと同じ屈折率をもつ高級マウント剤も市販されていますが,TDE (thiodiethanol)を使用した方が,光学的にはるかに優れた画像を得ることができます[2].そのうえ,Cy2,Cy3などの蛍光色素は蛍光強度が倍増するので,微弱なシグナルを検出する際にも力を発揮します.

なお,TDE溶液内ではAlexa488など一部の蛍光色素はシグナルが極端に弱くなるので注意が必要です.Cy2,Cy3などのcyanine系の色素であれば問題はありません.褪色防止剤としては着色しにくいDABCO (1,4-diazabicyclo [2.2.2] octane)が優れています.

TDEを用いたサンプル封入(カバーグラスで培養した場合)

手順

❶ ブルーチップの先を切り,TDE [SIGMA-ALDRICH社] を970 μLとる

⬇

❷ ❶にDABCOを20 μL,PBSを10 μL,蒸留水を20 μL加えよく混ぜる
▶ 4℃で長期保存可能

⬇

❸ 染色が終わったカバーグラスを軽く蒸留水ですすぎ,細胞を上にしてカバーグラスよりも小さく切ったシリコン台の上に乗せる

⬇

❹ 1%PBSで希釈した10%TDEを適量のせ,5分間放置後,アスピレーターで吸い取る

⬇

❺ 同様に25%TDE,50%TDE,97%TDE(すべて1%PBSで希釈)で5分間ずつ置換する

⬇

❻ ❷でつくったマウント剤を用いマウント．余分なマウント剤は，カバーグラスの周辺に置いた濾紙で吸い取る
⬇
❼ マニキュアでシールする

⚠ 参考URL：TDEマウントのコツ　https://ncrna.jp/super-resolution/tips/item/61-tde

◆ 文献
1）Omar MB, et al：Stain Technol, 53：293-294, 1978
2）Staudt T, et al：Microsc Res Tech, 70：1-9, 2007

それいけ！Mr.P！

❷ 自作の巻

エコ3 当たり前を見直そう

エコ3

1 コンストラクト作製は数日仕事?

村田茂穂

「終電も間際になってきた．でも今もっているのとは違うタグのコンストラクトをつくってすぐにでも実験したい！」と思い立ったとき，皆さんはどうされますか？

もし，研究室に制限酵素処理済みのプラスミドのストック[※1]があれば，目的のcDNA断片（すでにもっているはずです）と混ぜ合わせてすぐにライゲーション反応へ移ることができます．マルチクローニングサイト統一ベクターシリーズ[※1]をふだん利用していれば，なおさら便利です．

以下，目的のものが得られる効率が高いことが十分期待できるイージーなコンストラクト（例えば，両端がEcoR IとXho Iで処理されていて，インサートのサイズがせいぜい1〜2kb程度のもの．当ラボでは大半がこのようなライゲーションです）を作製する場合の最短・最低限コースの一例をお示しします．

◆ **簡単ライゲーション**

ライゲーション効率のよい末端を切り出す制限酵素で処理されたもの同士であれば，最近の優秀なリガーゼミックスを使えば室温で5分

※1：エコ2-2「遺伝子改変自由自在ベクターをつくってみよう」を参照ください．

も反応させればもうトランスフォーム可能となります．本当はちゃんとモル比を考えた方がよいのでしょうが，慣れてくればDNA断片を精製したときの感触からおおよその量の見当がつくようになってくるものです．私たちはそれを踏まえて，特に気にすることなく

ベクター：インサート：リガーゼ
＝ 0.5 μL：1 μL：1.5 μLの総量 3 μL

で反応させています．しかし，慣れるまでは律儀にDNA濃度を測ることも，正しい感覚を身につけるためにはよいかもしれません．

◆迅速トランスフォーメーション

ライゲーションの間にコンピテントセル（当然自作！）を準備しましょう．溶けるのが遅ければ手で温めて溶かして大丈夫です（といっても温めすぎないように）．

ライゲーション反応液にコンピテントセル20 μLを加えます．一般的には**氷上30分ですが，5分も置いておけば十分**です[※2]．通常この後ヒートショックを加えますが，そのための機器の準備を忘れてしまっていたらスキップしてしまって構いません．ちゃんと生えます．

アンピシリン耐性プラスミドならLBや水などで少し薄めてからすぐにプレートにまきましょう．その余裕もないくらい切羽詰まっていれば，そのままプレートにまいてもちゃんと生えてきます．カナマイシン耐性プラスミドなら残念ながらLB（より高効率を望むならSOCがよいといわれていますが，通常不要）などの培地を加えて，37℃で30分は培養してからプレートにまきましょう[※3]．

※2：エコ3-2「トランスフォーメーションのon iceは30分？」も参照ください．

エコ3

◆迅速ミニプレップ

翌朝にはコロニーが小さいながら生えているはずです．とはいえ，終電間際にまいたコロニーを見ようと勇んで朝6時や7時にラボに来ても，残念ながらまだ扱えないほど小さいでしょう．学生らしく（？）少し寝坊して11時頃に来るとよいと思います．すでにバックグラウンドが低いと評価が定まっている処理済みプラスミドを用いているので[1]，出現しているコロニーのほとんどが「あたり」のはずですから，躊躇なくコロニーを数個つついてミニプレップ用に振とう培養をスタートしましょう．

細かいことを言えば，**コロニーをつつくのはチップではなくつまようじで**．圧倒的に安いです（1本あたりおよそチップ2円，つまようじ0.1円）．ちなみにこのとき，つまようじはオートクレーブ不要です．買ったままのものを素手でつまんで，コロニーをつついて，そのまま培養液の入ったチューブに放り込みましょう．試しに自分の指を抗生剤入りプレートに押しつけて一晩培養してみてください．何か生えてくることはまずありません．

夕方遅くには培養液がはっきり濁り始めていることでしょう．そうしたらもうミニプレップしましょう．その後の実験目的にもよりますが，例えば6ウェルディッシュで数ウェル分の培養細胞にトランスフェクションする予定であれば，制限酵素によるインサートチェック用とあわせて5 μgもプラスミドを取れればおつりがくるでしょう．**金科**

※3：教科書的なお話になってしまいますが，アンピシリンは細胞壁合成阻害剤なので，大腸菌を殺してしまうことはありません（静菌的作用）．耐性遺伝子の発現前にプレートへまいても，大腸菌はじきにアンピシリン耐性遺伝子を発現して増殖を開始できます．一方，カナマイシンはタンパク質合成を阻害するので，耐性遺伝子を発現していない大腸菌を殺してしまいます（殺菌的作用）．ですから耐性遺伝子の発現が始まるまではどうしても待つ必要があるのです．自然の摂理には勝てません．

玉条のごとくオーバーナイト培養する必要はありません．制限酵素で正しいコンストラクトが完成していることを確かめたら，もう細胞にトランスフェクションできます！

エコ3

2 トランスフォーメーションの on iceは30分?

北條浩彦

「あっ，いかん！ イー・コーライさん[※1]をプレートにまくのを忘れてた」なんて，ひどいときにはラボからの帰宅途中に思い出されたことはないでしょうか？ プラスミドを増やすための第一段階，トランスフォーメーション（形質転換）では，寒天培地にまく前の1時間のインキュベーションが魔の時間．このちょっと空いた時間に別の仕事をしはじめるとインキュベーションを忘れて……，「はっ」と気がついたときにはかなり時間が経過している．

長いインキュベーションでも実験失敗になるような大きな影響が出ないので，いつものプロトコルであまり気にせず行われていると思いますが，実はこのトランスフォーメーション，もっと簡単に短時間でインキュベーションもあまり気にせずに行うことができます．

そんなずくなし[※2]のトランスフォーメーション法をご紹介します．

◆ さらっとおさらい①：目的DNAはどう増やす？

DNAのクローニング（クローン化）は，分子生物学・分子遺伝学的解析のなかで重要な基礎的作業の1つといえます．そのカナメとなる目的のDNAを増やす方法には，大きく分けて2つの方法があります．

※1：イー・コーライ：大腸菌（E. coli）のこと．
※2：ずくなし（ずく無し）：信州の方言．ネットのGoo辞書では「怠け者，ぐうたら」と書いてありますが，私の経験からは「ほんのちょっとした努力を億劫（おっくう）がること」の方が合っていると思います．逆に，ちょっとした努力をあえてするようなときは［ずくを出す］と言います．

1つが，
- 大腸菌などの生物の力を借りて，つまり生物がもっているDNA複製マシーンを借りて目的のDNAを増やす（クローン化する）方法

もう1つが，
- 試験管（チューブ）内で熱耐性DNA合成酵素を使って目的のDNA配列を人工的に増やす方法，すなわちPCR（polymerase chain reaction）法

です．それぞれの利点は，前者が多量のDNAクローンを産生できること，後者は簡単にDNAクローンが得られることです．後者のPCRについては優れた他著書にゆだねることにして，前者の生物の力を借りて目的のDNA配列を増やす方法（しくみ）について簡単に説明します．

◆さらっとおさらい②：大腸菌はどうDNAを増やす？

　増やしたいDNA配列（例えば，遺伝子をコードするDNA配列）をそのまま大腸菌などの生物に入れても増やすことはできません．増幅させるためには，ベクター（vector）[※3]とよばれるDNAの乗り物に目的のDNA配列を乗せて（挿入して），ベクターと一体化してから宿主生物（大腸菌など）に導入します（図1）．そうすると，ベクターとともにその一部となった目的DNA配列も複製され増幅することができます．

　大腸菌を宿主とする場合，ベクターDNAはプラスミド（plasmid）とよばれる環状のDNAで，プラスミドベクターといいます．このプラスミドベクターのDNA配列には，大腸菌の中で複製できるように

※3：ベクター（vector）：ラテン語のvehere（運び屋）に由来する呼び名．

エコ3

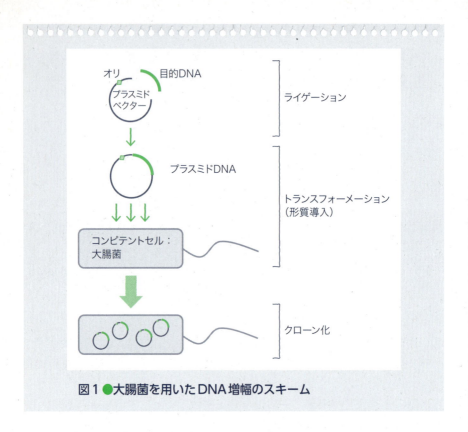

図1 ● 大腸菌を用いたDNA増幅のスキーム

オリ（ori：オリジン）とよばれる複製開始シグナルの配列がコードされています．このオリによってプラスミドDNAは，宿主の大腸菌ゲノムDNAの複製とは独立に複製し，そのコピーを増やす（クローン化する）ことができます．

また，プラスミドベクターにはクローニングやさまざまなアッセイ，そして遺伝子発現解析などに都合がよいように，薬剤耐性遺伝子[※4]，

※4：薬剤耐性遺伝子：アンピシリンやカナマイシンなどの抗生物質に対して抵抗性を付与する遺伝子．薬剤耐性遺伝子がプラスミドDNAに乗って大腸菌に導入（形質転換）されると，導入された大腸菌はその対応する薬剤に対して抵抗性を獲得します．この獲得した薬剤抵抗性を利用して，プラスミドDNAが導入（形質転換）した大腸菌だけを選択的に増殖させることができます．

レポーター遺伝子，転写のプロモーター配列を搭載したものがあります．このようなプラスミドDNAを大腸菌に導入する方法をトランスフォーメーション（形質転換）法といいます．

◆いよいよ本題：ずくなしトランスフォーメーション

　一般的なトランスフォーメーション法は図2左に示すような工程で行われます．全体で1時間半以上の時間を要します．それに対して簡単，ずくなしのトランスフォーメーション法（図2右）は，プラスミドDNA混和後，氷上のインキュベーション（30分間）とSOC添加後の37℃インキュベーション（約1時間）が省かれるため，**全工程を10分以内で終了することができます**．

　この簡単トランスフォーメーション法のオリジナルの論文（？），記事は，27年前のNucleic Acids Research誌に1ページのbrief noteとして掲載されています[1]．とても簡単な方法なのにあまり広まっていないのは，やはりバイブル書である『Molecular Cloning: A Laboratory Manual』[2]の影響でしょうか？

◆ポイントは熱処理にあり

　さて，この簡単トランスフォーメーション法のポイントですが，大切な工程は熱処理にあります．従来法と違って**ちょっと高めの44℃で1分間，そしてすぐに氷上に移して急冷**します（その後，数分間放置）．おさらいになりますが，この急激な温度変化を大腸菌に与える作業をヒートショック処理といいます．もし，このヒートショック処理を省いてしまうと，図3Aにその例を示すようにほとんどコロニー（形質転換した大腸菌）[※5]を得ることができません．

エコ3

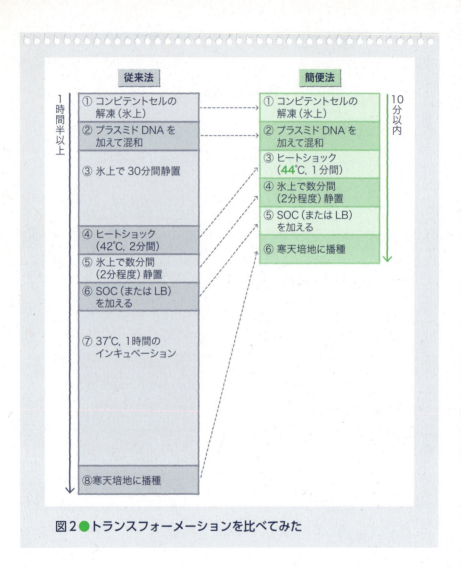

図2 ● トランスフォーメーションを比べてみた

※5：コロニー（colony）：1つの大腸菌から形成される大腸菌集団の塊．トランスフォーメーションした場合は，プラスミドDNAの導入により形質転換した1つの大腸菌から形成された大腸菌集団の塊．そのコロニーの中には，複製されたプラスミドDNAのコピー（クローン）が存在します．

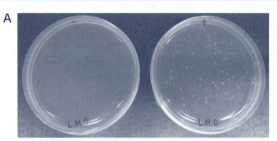
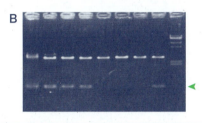

図3 ●ずくなしのトランスフォーメーションの結果

A) 環状プラスミドDNA（pGEM-3Z；プロメガ社）を用いたトランスフォーメーション．プラスミドDNAをコンピテントセルに添加・混和後，44℃のヒートショック処理を行った場合と行わなかった場合の結果．

B) ライゲーション反応したプラスミドDNAを用いたトランスフォーメーション．4℃・一晩のライゲーション反応を行った反応溶液（4 µL）をコンピテントセル（40 µL）と混和し，トランスフォーメーションを行った（プロトコールは本文参照）．得られたコロニーから8コロニーを無作為に選び，プラスミドDNA抽出，そしてEcoR I制限酵素処理とアガロースゲル電気泳動法によるインサートの確認を行った．矢頭は，切り出されたインサートDNA断片を示す．

◆ライゲーション後のプラスミドでも使えるか

次に実用性ですが，既存の（環状）プラスミドDNAをトランスフォーメーションしてそのクローンを増やしたい場合，プラスミドDNAがコードする薬剤耐性遺伝子にほとんど影響されることなく形質

エコ3

表1 ● 十分なライゲーションは大事

ライゲーション条件	室温・1時間	4℃・一晩
ポジ・クローン数／解析クローン数	1／8	5／8

pGEM-T Easy Vector System I（プロメガ社）使用

転換した大腸菌（コロニー）を得ることができます．

　実用面でもう1つ重要になるのが，ライゲーション後のプラスミドDNAでもうまくいくのかどうかの点です．オリジナルの記事でもこの点については触れられていません．そこであらためて検討してみました．

　ふだん行っているPCR産物のTAクローニング過程で，この簡単トランスフォーメーション法を行ってみました．その結果，ライゲーション反応溶液をコンピテントセル[※6]に加え，直ちにヒートショック処理そして播種しても，従来手法と変わりなくPCR産物が挿入されたポジティブクローンを得ることができました（図3B）．

　ただし，このトランスフォーメーションがうまくいく（ポジティブクローンを数多く得る）ためには，当然ではありますが，**十分なライゲーション反応が行われている必要があります**．時間を短縮したライゲーションプロトコールから得られたプラスミドDNAは，インサート（PCR産物）が入っていない空のプラスミドが多数を占めていました（表1）．

※6：コンピテントセル：プラスミドDNAが導入（形質転換）されやすいように処理された大腸菌．

簡単，ずくなしトランスフォーメーション法は，従来手法と比べ遜色なく大腸菌を形質転換させることができると思います．最後に，今回行ったトランスフォーメーションのプロトコールを以下に記します．皆様の実験の役に立てば幸いです．

環状プラスミドDNAのトランスフォーメーション

手順

❶ 1 μL pGEM-3Z プラスミド溶液（0.1 ng/μL）［プロメガ社］を，10 μL JM109コンピテントセル（＞10^7 cfu[※7]/μg）［プロメガ社］に添加し混和（数回のピペッティング）

　　↓

❷ 44℃，1分間の熱処理

　　↓

❸ 直ちに氷上に移して急冷．その後2分間静置

　　↓

❹ SOCまたはLB（50 μL）を添加し，アンピシリン含有の寒天培地に播種

　　↓

❺ 37℃インキュベーターに移し，一晩培養

ライゲーションしたプラスミドDNAのトランスフォーメーション

手順

❶ ライゲーション（pGEM-T Easy Vector System I ［プロメガ社］使用）

※7：cfu：colony forming unit（コロニー形成単位）．＞10^7 cfu/μgは，1 μgのプラスミドDNAを用いてトランスフォーメーションを行った場合，1×10^7個以上のコロニーを出現させる能力をもったコンピテントセルであることを意味します．

エコ3

```
pGEM-T Easy Vector           1 μL
精製したPCR産物（～16 ng/μL）  3 μL
2×ligation buffer            5 μL
T4 DNA ligase                1 μL
                            10 μL
```

❷ 4℃，一晩
▶ 室温，1時間の短縮プロトコールもあるが，ポジティブクローンの数は少なくなる

❸ 4 μLライゲーション反応液を40 μL JM109コンピテントセル（＞10^7 cfu/μg）［プロメガ社］に添加し混和（数回のピッペッティング）
▶ ライゲーション反応液の量は，コンピテントセルの1/10以下が目安

❹ 44℃，1分間の熱処理

❺ 直ちに氷上に移して急冷．その後2分間静置

❻ SOC（50 μL）を添加し，アンピシリン含有の寒天培地に播種

❼ 37℃インキュベーターに移し，一晩培養

謝辞

今回文中で紹介したデータは大島淑子さんの協力によって得られたものです．この場をかりてお礼申し上げます．

◆ 文献

1）Golub EI：Nucl Acids Res, 16：1641, 1988
2）「Molecular Cloning: A Laboratory Manual」（Maniatis T, et al），Cold Spring Harbor Laboratory Press, 1982

3 プラスミド精製にはカラムが必須？―アルカリ-SDS法の逆襲

村田茂穂

　プラスミドのミニプレップは，誰でも簡単に高純度のプラスミドが取れるカラムを利用したキットが各社から販売されていてとても便利ですが，私のラボでは毎日のように誰かがミニプレップを行っており，かなりの消費量かつコストでした．そんな折，ご近所ラボが**キットを使わないミニプレップを行っている**との噂をききつけ，教えを請うたわけです．

　でも何のことはない，一般の実験書によく載っているアルカリ-SDS法でした．しかしよく見てみると，通常のアルカリ-SDS法のプロトコールにはたいてい含まれている**フェノール処理の過程をスキップ**しており，それでも実験に耐えうるプラスミドが取れるということでした．教えていただいたラボはこの方法を"rough miniprep"と呼称されておりましたので，それを踏襲させていただきます．

rough miniprep

準備

- [ ] solution 1：50 mM Tris-HCl（pH8.0），10 mM EDTA，100 μg/mL RNase A
- [ ] solution 2：200 mM NaOH，1％ SDS
- [ ] solution 3：3 M 酢酸カリウム（pH5.5）

- □ イソプロパノール
- □ 70％エタノール
- □ TEバッファー

⚠ 試薬および操作はすべて室温

⚠ solution 1, 2, 3は，市販のカラム精製用キット（midi prep, maxi prep用など）の余剰バッファーを利用してもよい

手順

❶ 大腸菌を培養し，1.5 mLチューブに移す
　↓
❷ 遠心15,000 rpm，15秒，上清を除く
　↓
❸ solution 1を200 µL加え，ボルテックスにて懸濁
　↓
❹ solution 2を200 µL加え，数回転倒混和
　▶ インキュベーション不要
　↓
❺ solution 3を200 µL加え，数回転倒混和
　▶ インキュベーション不要
　↓
❻ 遠心15,000 rpm，3分〜．この間に❼の準備
　↓
❼ イソプロパノール300 µL入りの1.5 mLチューブに，❻の上清をデカントで移し，転倒混和
　↓
❽ 遠心15,000 rpm，3分，上清をデカントで除く
　↓
❾ 70％エタノールを1 mL加え，遠心15,000 rpm，2分
　↓
❿ 上清をデカントで除き，再度短時間遠心後，マイクロピペッターで余剰エタノールを完全除去

⬇
❶ TE 50 μL に溶解

　フェノールは臭いし，手に付くと危ないし，廃液処理が面倒でお金もかかるしで，使わずに済むならそれに越したことはありません．では実際，この方法で取ったプラスミドはどの程度実験に使えるのでしょう？

◆収量はどれくらい？

　収量はカラム精製の場合と同等かやや多いといったところです．ただし，理由はよくわからないのですが260 nmの吸光度（A_{260}）は実際のDNA収量よりかなり高めに出てしまうようです．A_{260}/A_{280}の値や，精製物をSDS-PAGEで泳動してCBBで染色して見るかぎりタンパク質の混入はほとんどなさそうなのですが….

　実用上は，吸光度による濃度は度外視して，これまでカラム精製で最終的に50 μLの液量にして実験していた人はrough miniprepの沈殿プラスミドを50 μLで溶解すれば，従来どおりのプラスミド液量を用いた実験を行うことによって，おおよそ同じ量のプラスミドを扱っていることになると思います．

　フェノールによる除タンパク質を行っていないのでDNaseが持ち越されている心配があるのですが，現在のところプラスミドが消えてなくなった，ということは起こっていないので，少なくとも短期間使用する分には問題ありません．心配であればプラスミドを熱処理すればDNaseが混入していても失活するでしょう．

　とはいえ，長期保存するつもりのプラスミドはカラム精製あるいはフェノール処理をはさむことをお勧めしておきます．

◆品質は問題ない？

　品質の点ではどうでしょう？ カラム精製のプラスミドと比較しても，制限酵素処理，DNA シークエンスに関しては誰も失敗することなく，カラム精製と遜色なく使用できています．フェノールの混入はほとんどの酵素反応を阻害するので，フェノールを使わないプロトコールであることがむしろ学生さんたちには幸いしているのかもしれません．

　哺乳類培養細胞へのトランスフェクションも可能ですが，PEI-Max[※1]を利用するかぎりでは，カラム精製のプラスミドに比べて若干効率が劣るようです．しかし，**とりあえず発現すれば目的を果たせるといった類のラフな実験には十分使用に耐えます**し，Solution 1 〜 3 を各 300 μL，イソプロパノールを 450 μL としてプラスミドを精製すると，トランスフェクション効率が改善されることもあります．

　使用目的をしぼって活用すれば，キットの消費量を大幅に減らすことができます．私たちのところは，
- コンストラクトが正しくできているかどうかの確認
- DNA の切り貼り
- ラフなトランスフェクション実験

に使用するプラスミドは "rough miniprep" で取るようにしています．プラスミドの質が結果を大きく左右する実験には使用しない方がよいでしょう．

※1：エコ 2-1「トランスフェクション試薬（PEI-Max）をつくってみよう」も参照ください．

とはいうものの，私たちもプラスミドの大量調製のときにはさすがに市販のカラムを使わせてもらっています．大量調製＝気合いの入った実験を開始するぞ，という感じですかね．

　プラスミドの大量調製といえば，私の世代は"セシクロ"（CsCl密度勾配遠心のこと）によるプラスミド精製を体験した最後かもしれません．いまでは特殊な用途を除いて，セシクロはほぼ駆逐されてしまったと思います．それほど当時のＱ社のカラムキットは革新的でした．

　でも，学生さんたちに言っておきたいのは，たとえキットを使って何も考えずにレシピどおりに操作すればプラスミドが精製できるとしても，**キットの原理を理解して使用してほしい**ということです．分子生物学実験の基礎が詰まっていて勉強になるばかりでなく，トラブルシューティングもできるようになります．「間違ったバッファーを入れちゃったからサンプルもカラムも捨てました」なんてことにならないように，リカバーできる方法を考えられる実力の持ち主になりましょう．

4 プラスミド精製はキットが一番？ —boiling法の帰還

北條浩彦

　ずくなし実験法[※1]，第2弾にしてもう皆伝です（ネタ切れです）．ここで紹介するずくなし法は，簡単ミニプレップ，すなわち形質転換（トランスフォーメーション）した大腸菌からクローン化したプラスミドDNAを回収する方法です．

　たぶん，これを読まれているほとんどの皆様が，A液，B液，C液（または，P1，P2，P3溶液やSolution Ⅰ，Ⅱ，Ⅲ）でおなじみのアルカリ-SDS法を使ってプラスミドDNAを抽出されているのではないでしょうか[※2]．ずくなしのメソッドは，**たった1種類の溶液を使ってちょっと「釜茹で」するだけで簡単にプラスミドDNAを抽出することができます**．オリジナルの方法は「boiling法」とよばれていて，これをさらに手抜き（簡単に）した方法を紹介いたします．ちょっと大袈裟かもしれませんが，ずくなし法にして究極のエコ・ミニプレップ！といえるかもしれません (^^;)．

◆ファーストインプレッションは懐疑的
（ただの回想録なのでお急ぎの方はp114へ）

　オリジナルの「boiling法」を教えてもらったのは，1992年，米国

※1：ずくなし実験法：［ずくなし］の意味も含めてエコ3-2「トランスフォーメーションのon iceは30分？」を参照ください．
※2：エコ3-3「プラスミド精製にはカラムが必須？ —アルカリ-SDS法の逆襲」も参照ください．

に武者修行に行ったときでした．

　大学院時代は，クローニング→プラスミド取り→シークエンスに明け暮れ，「きれいなシークエンスラダーをX線フィルムに描く※3ためには，ピュアな心（？）とピュアなプラスミドDNAを取ることが大切だ！」と信念をもって毎日せっせとアルカリ-SDS法によるプラスミド取りとその後の除タンパク質処理（フェノクロ処理※4）に励みました．

　米国に渡って最初のプラスミド抽出のとき，まずは「郷に入りては郷に従え」と留学先で行われている方法を尋ねました．そして教えてもらったのが「boiling法」．しかも除タンパク質処理なし！そんな雑なやり方でシークエンスまでうまくいくのか？が，最初の印象でした．

　半信半疑というよりもほとんど期待せず，ダメだったらアルカリ-SDS法の奥義を見せてやると思いながら言われたとおりにやってみると…うっ，うまくいくじゃない．しかも簡単．シークエンスも問題ない．この驚きとともに覚えた英語のフレーズが

　「**Too good to be true!**　うまくいきすぎだろ」

でした．

　以来「boiling法」の虜となり，キットのアルカリ-SDS法を使う以外はすべて「boiling法」，そして生まれもったずくなし気質はさらに手抜きを試みて以下のようなレシピになりました．まずは用意するものからご紹介します．

※3：当時はRIを使って塩基配列決定をしていました．RIで標識した一本鎖DNAのゲル展開パターンをX線フィルムに焼き付けて，そのはしご状になったデータを1つひとつ目で追いながら塩基配列決定をしました．詳しくは，文献1をご覧ください．

※4：フェノクロ処理：フェノール・クロロホルム処理のこと．

エコ3

ずくなしミニプレップ法

準備 （図1）

- ☐ LB培養液の中で一晩培養してプラスミドDNAをたっぷり含んだ活きのいい大腸菌
- ☐ 卓上ガスコンロ
- ☐ なべ（家庭用）
- ☐ ウォーターバスラック（必需品）[※5]
- ☐ STET溶液[※6]

　　8％（wt/vol）sucrose
　　5％（wt/vol）TritonX-100
　　（ポリオキシエチレン（10）オクチルフェニルエーテル，NP-40でも可）
　　50 mM EDTA
　　50 mM Tris-HCl（pH8.0）
　　―――――――――――――
　　フィルター滅菌，4℃保存

- ☐ 一般生化学用器具・機器（チューブや遠心機など）

◆釜茹でと素早い冷却がキモ

　ずくなしミニプレップ法の簡易プロトコールをオリジナル法と比較して示します（図2）．オリジナル法と異なる点，重要な点を太字＋下線で示しました．

　そのなかで**最も重要なステップは，熱処理（釜？なべ？茹で）とその直後の素早い冷却です**（ずくなしミニプレップ法③と④のステップ）．この過程で大腸菌の溶菌とタンパク質の変性が起こります．冷却が不

[※5]：ウォーターバスラック：優れモノです．ボスに購入をお願いしてみてください．
[※6]：STET溶液：原本（文献2）では，使用前にリゾチームを添加することになっていますが，添加する必要はありません．

図1 ●使用する実験器具

十分な場合，大腸菌ゲノムDNAと変性したタンパク質が遠心によってうまく絡み込まれないためにペレット状の沈殿物が形成されず，上清中にドロッとしたゲノムDNAが残ってしまいます．そのため上清液の回収が困難となり，回収量が減ってしまいます．

そのような場合の対処策としては，ドロッとしたゲノムDNAをチップなどで（吸い込みながら）引っ掛けてとり出し，チューブに残った上清液に2倍量のエタノールを加えてプラスミドDNAを回収します．また，処理する菌数が多すぎても同様の結果になることがあるので，最初に集菌する量を適量にすることも大切です[※7]．

◆エタ沈は静置も冷却も必要なし！

次に，回収した上清液に2倍量のエタノール[※8]を加えて常温でエタ

※7：経験的に，1 mLぐらいの一晩培養液が適量です．
※8：エタノールを用いる理由は，揮発性がよく，風乾しやすいからです．

エコ3

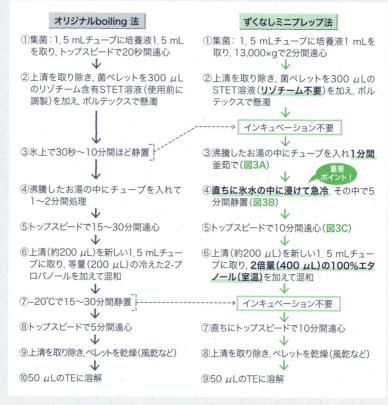

図2 ● ずくなしミニプレップ法とオリジナル法の比較

重要な点，オリジナル法と異なる点を太字＋下線で示す．

集菌時（ずくなしステップ①）にあまり長く遠心しないこと．ずくなしステップ②の菌の懸濁が困難になる．最も重要な作業は，③と④のステップ．ウォーターバスラックにセットしたチューブを，沸騰したお湯の中で1分間茹でる（ずくなしステップ③），その後，直ちに氷水の中に入れて急冷させる（ずくなしステップ④）．このとき，まんべんなくチューブが冷却されるように図3Bのような氷水に浸け込み，さらにウォーターバスラックの取っ手（金属棒）をちょっと激しく揺すってチューブの隙間に氷水が入りやすくする．チューブの数が多い場合は，冷却にばらつきが出やすいので特に念入りに行う．遠心後（ずくなしステップ⑤），大腸菌ゲノムDNAと変性したタンパク質が絡み込んだペレット状の白い沈殿物が観察できる．このペレット，そしてそのまわりにあるかもしれないゲノムDNAを吸いとらないように上清液を回収する．全量回収する必要はない．1/3量は捨てるつもりで約200 μL（2/3量）ぐらいを回収する．

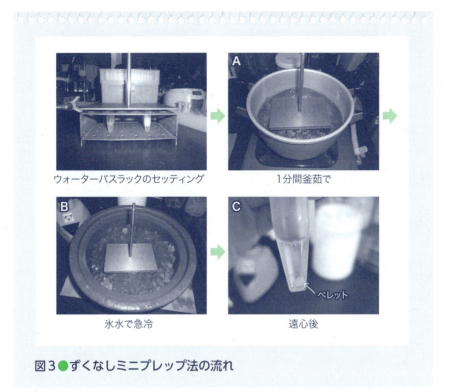

図3 ● ずくなしミニプレップ法の流れ

ノール沈殿（エタ沈）します（ずくなしミニプレップ法⑥のステップ）．上清液中にはプラスミドDNAとともに大量の大腸菌RNAが存在します．その大腸菌RNAが沈殿過程でキャリアー[※9]となって働くため，エタノール混和後，直ちに遠心してもプラスミドDNAをエタ沈回収することができます．冷やす必要もありません．ずくなしの手抜きですが，棚ぼた的な簡素化です．

※9：プラスミドDNAを巻き込んで沈殿しやすくする共沈剤．

エコ3

◆PEG沈殿によるプラスミド精製

ずくなしミニプレップ法で得られたプラスミドDNAは，除タンパク質処理をしていません．それでもそのまま制限酵素処理やサブクローニングに用いても問題ありません[※10]．

シークエンス解析の鋳型にも使用することができますが，ここでは，その前に少しだけずくを出してPEG沈殿によるプラスミド精製を行うことをお勧めいたします．安定した（波形のきれいな）解析結果を得るためにPEG沈殿法は有効です．

PEG沈殿法（シークエンス前のプラスミド精製用）

準備

- ☐ RNase（Ribonuclease Mix solution）［ニッポン・ジーン社］
- ☐ PEG溶液

    20％ポリエチレングリコール6000
    2.5 M NaCl
    ―――――――――――――――
    オートクレーブ滅菌，室温保存

手順

❶ 50 µLのプラスミドDNA溶液に1 µLのRibonuclease Mix solutionを添加し，混和
    ↓
❷ 37℃インキュベーション，30分間
    ↓
❸ 30 µLのPEG溶液を加え，よく混和
    ↓
❹ 氷上に1時間静置

※10：大腸菌由来のRNAがじゃまなので，RNase（RNA分解酵素）入りの反応溶液やTE溶液を用います．

❺ トップスピード,4℃で15分間遠心

❻ 上清液除去

❼ 約100 μLの75％エタノールでDNAペレットを洗い[※11],その後風乾

❽ 20 μLのTEに溶解

　1種類のSTET溶液だけを用いるboiling法は,3種類の溶液を用いるアルカリ-SDS法と比べて,多数のプラスミドDNAを一度に処理(抽出)することに長けています(実際に短時間で抽出できます).多数のプラスミドDNAを解析する場合や,もちろん少数のプラスミド解析においても,今回紹介したずくなしミニプレップ法がお役に立てば幸いです.

◆ 文献
1) 松浦 徹:アイソトープを用いるジデオキシ法(サンガー法).「改訂第3版 遺伝子工学実験ノート 下(無敵のバイオテクニカルシリーズ)」(田村隆明/編), pp14-17, 羊土社, 2010
2) Engebrecht J, et al:Curr Protoc Mol Biol, 1.6.1-1.6.10, 1991

※11:沈殿したDNAペレットを舞い上がらせないようにピペットを用いてゆっくりとエタノールを加えます.そして,直ちに同じピペットで抜きとります.この程度の洗浄で十分です.

5 DNA精製にフェノクロはつきもの？

佐藤 博

　DNA，RNAを扱う実験ではフェノール抽出・エタノール沈殿が汎用されますが，この操作は結構煩雑であり，一定の反応スケールが必要となります．そこで，<u>磁気ビーズを使ったDNA精製キットの登場</u>です．これはフェノール抽出・エタノール沈殿の代替など汎用性が広く，意外に便利です．キット自体は決して安価ではありませんが，反応スケールを思い切って小さくすることにより，全体のコスト・時間・労力を節約することができます．フェノール・クロロホルムを使わないので環境にもエコです．

◆フェノール・クロロホルムは処理が大変

　DNA，RNAの抽出，精製にはフェノールあるいはフェノール・クロロホルムが常用されてきましたが，いずれも環境には有害です．最近はこれらを含まないキット類が販売されるようになったために，かえってその取り扱いが徹底されず，ときどき排水への流入などの事故が起こります．

　フェノール抽出の際には，核酸を含む水層はフェノールが飽和しているので1 mLあたり84 mgのフェノールが溶けています．フェノールは劇物であり，下水道法での規制値は5 mg/Lですから，フェノール抽出の水層1 mLを排水に捨てるには20 L以上の水で希釈しなけれ

ばなりません．通常はフェノール抽出に引き続きエタノールあるいはイソプロピルアルコール沈殿によりDNAを回収しますが，このエタノール，イソプロピルアルコールはフェノールを含んでいるので，排水に捨てることはできません．

さらに，クロロホルムの溶解度は 0.815 g/100 mL，排水基準値は 0.06 mg/L（環境基準の要監視項目値）ですから，クロロホルム抽出の水層 1 mL を基準値以下にするには 140 L の水が必要になります．

とても現実的な数字ではありません．したがって，基本的にはすべての廃液は保存して，適切に処理する必要があります．

◆お財布にも環境にもやさしいエコ実験法

劇物・毒物の使用を避けるという観点から，最近ではフェノール・クロロホルムを含まないキットが増えてきましたが[※1]，それらのなかには汎用性が広くて便利なだけでなく，使い方しだいではお財布にもやさしいものがあります．

ガラスビーズ（シリカ）とカオトロピック試薬を用いて核酸を精製するプロトコールはかなり以前から知られていましたが，収量が安定しないなどの理由からか，当初はあまり普及しませんでした．

現在，アガロースゲル・PCRクリーンアップキットなどの名称で市販されている核酸精製キットは非常によく改良され，収量・精製度・使い勝手などが格段に進歩しています．単にアガロースゲルからの回収，PCR反応液からのプライマー除去だけでなく，制限酵素，アルカリホスファターゼなどの除去といったフェノール抽出で行っていた操

※1：プラスミド精製では，フェノール・クロロホルムを使わない，キット以外の方法もあります．詳しくはエコ3-3，エコ3-4を参照ください．

作を,簡単かつ小スケールで行うことができます.

スピンカラムまたはビーズを使用する2つのタイプがありますが,ビーズのなかでも磁気ビーズを使用するタイプは,**実験スケールを思い切って小さくできる**のでさまざまな用途に便利です.

私たちは,東洋紡社のDNA Fragment Purification Kit：MagExtractor–PCR&Gel Clean up– を用いていますが,数ng・数μLスケールでも問題なく使用できます[※2].フェノール抽出とそれに続くエタノール沈殿ではどうしてもそれなりのDNA量とボリュームが必要でした.またアガロースゲルからDNA断片を切り出す操作も,収量・純度とその手間暇を考えると気の重いステップでした.スケールを小さくすることによって,試薬・酵素類,貴重なプラスミドDNAも少量ですみます.

フェノール抽出・エタノール沈殿がDNAを扱う実験のネックの1つであったので,このステップが改善されると,反応系のスケールダウン,時間短縮,そしてなによりも精神的なハードルが大幅に下がります.

※2：このキットによるフローチャートはエコ3-6「磁気ビーズはぜいたく品？」**図1**を参考にしてください.

6 磁気ビーズはぜいたく品?

佐藤 博

　磁気ビーズを利用したDNA精製キット[※1]は便利な反面，安くはありません．でも使い方によってはぜいたく品に終わらず，エコに実験することができるのです．

◆DNA量のイメージをつかもう

　キットを使ったDNA抽出・精製を行う前に，まずは私なりに非常に大雑把な実験のスケールを考えてみます．初歩中の初歩の話で先生方には恐縮ですが，便利なキット類に慣れた学生さんは意外と気がついていないかもしれません．

　最も基礎的な実験として，制限酵素で切り出したDNA断片をプラスミドベクターに挿入する場合を考えてみましょう．

　DNA断片が1 ng程度あればベクターへのライゲーションには十分です．例えば，1 kbサイズのDNA断片1 ngとはどんなイメージでしょうか．

　エチジウムブロマイドで染色したアガロースゲルで，DNA断片を余裕をもって検出するには5 ng程度は必要です．私たちは電気泳動マーカーとしていまだにλ-EcoT14を使っています（古典的ですがタカラ

※1：エコ3-5「DNA精製にフェノクロはつきもの？」を参照ください．

バイオ社のカタログでは現在も最初に記載されています). λファージDNAは全長が約50 kbですから, このマーカーを100 ng泳動すると50 kbの50分の1にあたる1.0 kb周辺のバンド強度が2 ngです. 少しはDNA量のイメージがわかったかと思います.

◆ では抽出してみよう

DNA量のイメージがわかったところで, 実際に磁気ビーズを利用したDNA抽出・精製を行ってみましょう. 私たちは東洋紡社のDNA Fragment Purification Kit：MagExtractor-PCR & Gel Clean up- を用いています. ここでは4 kbのプラスミドを制限酵素処理して1 kbの断片を回収する実験を例に, 図1に沿って実験の流れを説明します.

磁気ビーズを利用したDNA抽出・精製

手順

❶ 40 ngのプラスミドを10 μLスケールで制限酵素処理後, アガロース電気泳動（ミニゲル）で分離

❷ 泳動後, 目的のバンド（1 kb：10 ng）を含むゲルをできるだけ小さく切りとる. バンドの前後, 左右, 上下も不要のゲルを取り除く

❸ ゲルを1.5 mLチューブにとり, 重さを量る
　▶ 0.1 gより少なくなる

❹ 0.1 gあたり135 μLの吸着液（キット同梱）を加え, 手動のホモジナイザー（チューブにフィットしたプラスチック棒）などでゲルを押しつぶす
　▶ 吸着液によりゲルは簡単に溶解する

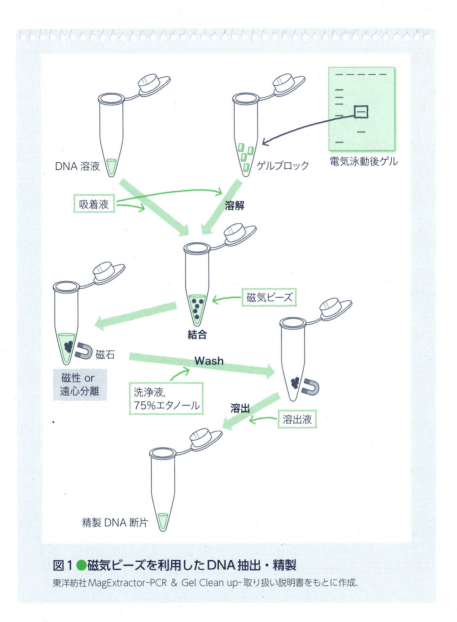

図1●磁気ビーズを利用したDNA抽出・精製
東洋紡社MagExtractor-PCR & Gel Clean up-取り扱い説明書をもとに作成.

❺ 0.1 gあたり10 μLの磁気ビーズを加え，ボルテックスによりゲルを完全に溶かす
  ▶ ゲルが溶けるとともにDNAの結合が起こる

❻ マグネットスタンド上で磁気ビーズと溶解液を分離し，続いて200 μLの洗浄液（キット同梱）でボルテックスによりビーズを洗浄

❼ 1 mLの75％エタノールによりビーズを2回洗浄

❽ 壁のアルコールをスピンダウンして完全に除去し，遠心乾燥機にて1～2分乾燥後，4 μLの水で回収

より少ない水でも回収は可能ですが，4 μLあればビーズと水を完全に分離することができます（図2）．念のために2 μLを使って，アガロースゲル電気泳動にて濃度チェック後，ライゲーション反応に移ります．ベクタープラスミドも制限酵素・アルカリホスファターゼ処理後に磁気ビーズを使って，容易に酵素類を除き精製することができます．

キャリアなしにエタノール沈殿を行うにはまとまった量のDNAがないと回収率がばらつきますが，本キットでは微量の操作でも安定した結果が得られます．

◆続いてライゲーション，トランスフォーメーションへ

私たちの研究室では，ライゲーション反応は，DNA断片，ベクタープラスミドを各0.5 μL，2×ライゲーションキット（東洋紡社）1 μL，トータル2 μLで行います．サーマルサイクラーなら微量での反応も安心です．

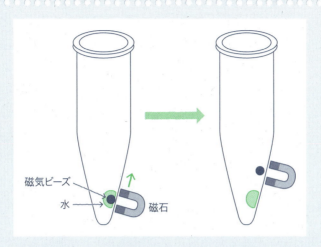

図2●磁気ビーズに吸着したDNAを少量の水で溶出
磁石を注意深く動かすことにより，少量の水と磁気ビーズを分離することができる．また，多少の磁気ビーズが混入したとしてもライゲーションなどの反応に影響を与えない．

　反応液を直接用いて大腸菌をトランスフォームできますが，ここでもまた**本キットにて精製すればコロニー数は格段に増えます**．通常のプラスミド構築には多くのコロニーは不要ですが，ライブラリー作製などには有効です．私たちの研究室では，トランスフォーメーションはエレクトロポレーション法を用い[※2]，そのコンピテントセルは自作しています．対数増殖期の大腸菌（XL-1Blue）を水で3回洗うだけです．15％グリセリンでサスペンドすれば−70℃フリーザーでストックもできます．余談ですが，私たちはプラスミド，組換えタンパク質調整など，大半の実験をこの菌で行っています．

※2：エコ3-2「トランスフォーメーションのon iceは30分？」も参照ください．

エコ3

◆ **スケールダウンで時間短縮＆エコ**

　このようにフェノール抽出・エタノール沈殿のステップを磁気ビーズで代替することで，スケールダウンとともに大幅な時間短縮が可能です．このキットは200回用となっていますが，それは1回の反応が100 μLの場合であって，10 μLであれば2,000回の使用が可能となり，お財布にも響きません（1回約15円）．なお，本キットはフェノールは使用していませんが，試薬の廃棄などは取扱説明書に従ってください．

◆ **時間短縮のメリットが一番！**

　磁気ビーズを使った核酸関連の精製キットは他にもいくつかあり（例：トータルRNA，ゲノムDNA用），簡便さゆえに重宝しているものがあります．いずれのキットも値段的には安くはないのですが，スケールを小さくすればコストは下がります．例えば，RT-PCR用には，トータルRNA，ゲノムDNAも微量で十分です．

　ただ，正直なところ，キットを使わない精製法に比べると，スケールダウンして節約しても経費的には誤差範囲です．**本当のメリットは，時間短縮とストレスの緩和です**．午後にプラスミド構築を思いついても，片手間仕事で，その日のうちに大腸菌をトランスフォームして帰宅できます．

7 細胞培養の血清は本当に10%必要?

村田茂穂

　昔から私が思っていた疑問の1つがこれです．**なぜ，ほとんどあらゆる細胞の培養条件が，判で押したように「10％FBS」添加培地なのか**．生物系の実験においてはさまざまな実験レシピが歴史的に決定され，それを無条件に踏襲していることが多いと感じています．あたかも鎖国が日本古来の国策であったと幕末の人が思い込んでいたように．本当にそれが至適な（コスト的にも！）条件なのか，今となっては定かでないものが多いのではないでしょうか．

◆歴史をさかのぼってみると

　ご承知のとおり，1950年代のGeorge Otto GeyらによるHeLa細胞の樹立によって，はじめてヒト細胞株の培養が可能になりました．1952年のGeyの論文ではまだFBSは使用されておらず，Hank's培地にヒト血清とニワトリ胎仔抽出物を添加して使用しています．1962年のミネソタ大学の論文では，10％ヒト血清または10％FBSを添加した培地を用いてHeLa細胞の増殖を比較しているので，このあたりが10％FBSが細胞培養に使われはじめた先駆けかもしれません．

　しかし10％とすべき明確な根拠は，私が探すかぎり見つけることはできませんでした．

エコ3

◆5％に減らしてみた

　FBSは高価で，500 mLあたり3〜5万円前後するのが通常です．これを削減できればかなりのものです．実際，世の中には2〜20％程度のさまざまなFBS添加条件下で細胞培養を行っている報告もあります．細胞によってはこのFBSの至適濃度が厳密なものもあるでしょうが，いかにも無頓着そうなHEK 293TやHeLa細胞はそんなことないのでは？と思い，**FBSを5％としたところ**，増殖速度や私たちが指標としている細胞機能の点で，10％FBSの場合と何ら変わりなく培養することがあっさりできてしまいました．

　HT1080やHCT116は2倍体の核型をもつ比較的まともな細胞[※1]ですが，これらの細胞も問題なく5％FBSで培養可能でした．トランスフェクションの効率をチェックしたところ，10％FBSの場合とほぼ同様でした．

◆コントロールがとれていれば大丈夫

　もちろん5％にした影響を今後も注意深く観察していく必要はあります．これまで見えていたことが見えなくなるリスクもあるかもしれません．しかし反対に，これまで見えなかったものが見えるようになるかもしれません．5％だろうが10％だろうがコントロールがしっかりとれてさえいれば問題ないと思っています．**もっとコストを下げたければ，FBSではなくcalf serum[※2]にすればよいかもしれませんね．**

[※1]：HeLa細胞は異数性を示し，ヒト細胞ですが2n＝46ではありません．
[※2]：calf serumはFBSのおよそ半額の，500 mLあたり1万5千円前後．

当たり前を見直そう

しょうゆも半分

　私が大学院に入って研究を始めた頃から，代々お作法として盲目的に伝えられている実験方法が多いのではないか，と感じていました．ここでご紹介したFBSの件もその1つです．クリーンベンチといえば，ガスバーナーにUVランプ，と相場が決まっているのですが，私たちは現在そのどちらもほとんど使っていません．UVランプは東日本大震災後の節電がきっかけで，ガスバーナーは火事対策という意味もあります．でもその前後でコンタミネーションの頻度が増えたということはありません．少しでも疑問に思ったらトライしてみることも上手なエコの秘訣かもしれません．

8 細胞の選択薬剤を選択してる?

村田茂穂

　薬剤耐性遺伝子にはさまざまありますが，主な動物細胞選択マーカーの使い勝手を眺めてみましょう．いろいろなメーカーから薬剤が販売されていますが，相対単価はおおよそ表1のとおりでしょう．有効濃度は私たちの経験に基づいていますが，当然使用する細胞によって大きく異なりうるでしょう．

　比較した結果，puromycinが費用対効果の点で圧倒的に優れていることがおわかりになると思います．価格面ばかりでなく，実際puromycinは選択剤として実に切れ味がよく，遺伝子導入されていない細胞は2日前後でほぼ死滅します．他の抗生剤は選別するのに倍以上日数がかかる印象です．この時間の要因を加味すると，費用対効果はさらに倍増しますね．

　安定発現株細胞を取得したい場合は，発現させたいcDNAの下流にIRES（internal ribosome entry sites）と選択マーカーがつながっているベクター※1が効率的です．このベクターを用いると，同一のプロモーターから目的の遺伝子と薬剤耐性遺伝子がIRES配列をはさんで1つのmRNAとして転写されるので，薬剤耐性をもつ細胞はほとんどの場合，目的のタンパク質を発現していることになります．

※1：エコ2-2「遺伝子改変自由自在ベクターをつくってみよう」も参照ください．

表1 ● 哺乳類細胞選択剤の費用対効果

	A：相対mg単価	B：有効濃度（μg/mL）	A×B	相対費用対効果
puromycin	5	2	10	100
G418	1	500	500	2
blasticidine	20	10	200	5
hygromycin	1	250	250	4

　クローン化しなくてもよい場合はトランスフェクションして10日間ほど選択培地で放置しておけば目的の細胞が得られるので，手間もコストも省けます．

エコ3

9 細胞はカバーグラスに生やさないと染色できない？

村田茂穂

　細胞を固定後に免疫染色をして顕微鏡で観察する場合には，培養ディッシュ内に沈めたカバーグラスに細胞を接着させ，カバーグラス上で細胞染色を行い，スライドグラス上で封入して観察する方法が一般的かと思います．抗体の使用量を節約できるので熟練の方にはよい方法でしょうが，経験の浅い学生さんがこの方法で免疫染色を行うとかなりの確率で失敗します．

　細胞が貼り付きやすいようにカバーグラスをコートしたりNaOH処理したりといろいろ工夫しても，細胞がきれいに接着しなかったり，トランスフェクションや染色の過程で細胞がはがれてしまったりと，結局，時間も労力も試薬もムダになりがちです．

◆ディッシュ上で染色しよう

　ここは逆転の発想で，せっかくプラスチックディッシュに強く接着しているのですから，**そのままディッシュ上で免疫染色をしてしまい，その上にカバーグラスを載せて観察しましょう**（図1）．使用する抗体の量が多くなってしまいますが（35 mmディッシュに500 μL），一次抗体は再利用できますので[※1]，回収して次回も使用しましょう[※2]．こ

※1：一次抗体はウエスタンブロットでも再利用できます．詳しくはエコ4-3「一次抗体を再利用しよう」を参照ください．

※2：コーキング剤を使った抗体液の節約法もあります．詳しくはエコ2-8「チャンバースライドを培養皿で代用してみよう」を参照ください．

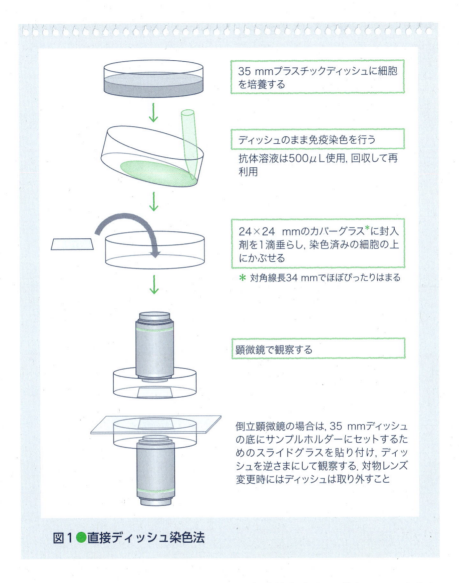

図1 ● 直接ディッシュ染色法

のやり方は効果てきめんで，初めて免疫染色をする学生さんでもきれいにデータがとれています．まさにエコ実験です．

エコ3

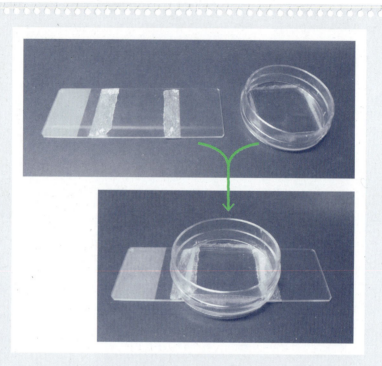

図2 ● 直接ディッシュ染色法の完成実物
両面テープで35 mmディッシュの底にスライドグラスを貼り付けると倒立顕微鏡でも観察可能になる．

◆倒立の場合はひと工夫

　なお，正立顕微鏡で観察する場合は問題ないのですが，倒立顕微鏡で観察するためにはひと工夫必要です．私たちは，両面テープでスライドグラスをプラスチックディッシュの底面に貼り付け，それを利用してカバーグラスを下向きにしてサンプルホルダーにセットしています（図2）．

　この方法の注意点が2つほどあります．1点目は，

- リボルバーをまわして対物レンズを変えるときには，サンプルを取り外さないとディッシュの側壁に激突してしまう

ことです[※3]．2点目は，

- ピントがプラスチックディッシュ面にごく近接していると乱反射のためか，像が汚くなる

ことです．でも，ほんの少しピントをずらせば全く問題なく観察できますし，共焦点顕微鏡ならこの問題は起こりません．利点の方が大きく勝ると思っていますので，もし細胞の免疫染色に苦労されている方がいれば，一度試してみてください．

※3：これはディッシュの壁を上手に取り除けば解決します．詳しくはエコ2-8を参照ください．

❸ 当たり前 の巻

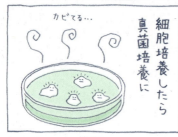

エコ4 ♻ MOTTAINAIを極めよう

1 ピペットはなるべく小容量を使おう

村田茂穂

　「もったいない」が本章のテーマですが，私たちの研究室ではプラスチックウェアの使用法改善による，劇的なもったいない改善効果は残念ながらあまり体験していません．せいぜい，

- 適切な最小実験スケール（24ウェル，12ウェル，6ウェル，または10 cmディッシュ）を選択して使用する試薬を減らす
- 6ウェルディッシュのうち数ウェルしか使用しないなら35 mmディッシュを使う
- ムダな維持をせずに細胞をラボのメンバーで共有する

といったところでしょうか．また，

- 細胞を継代培養するときは同じディッシュを何回か使い回す
- プラスチックチューブ，ガラスボトムディッシュは洗って使い回す[※1]

など，なるべく再利用するよう心がけています．

　この他，塵も積もれば見過ごせなくなる「もったいない」があります．細胞培養で用いるピペットです．

　ガラスピペットを洗浄・滅菌して使用しているラボも多いかと思いますが，私のところではディスポのピペットを使用しています．一般

※1：プラスチックチューブの再利用についてはエコ4-5を，ガラスボトムディッシュの再利用についてはエコ4-6を参照ください．

に，容量が大きいものほど単価が高いので，**なるべく小容量のピペットを使う**ようにしています．

◆本数も最小に！

実験のセンスの差が出るなぁと思うのが使用するピペットの本数です．やや煩雑な細胞の操作をするときに複数本のピペットを使うことがありますが，そのときに手際よく最小の本数で終わらせる人と，大量のピペットを消費する人とがいます．これは**段取りがしっかり頭に入っているかどうかの問題**なので，しっかり頭を使ってくださいね．事前にしっかりシミュレーションして，いつもより手際よく作業を終えられると達成感がありますし，結果もよかったりするものです．

「MOTTAINAI」が一時期ブームになりましたが，研究の場でも「もったいないなぁ」と思うことにしばしば遭遇します．ちょっとした工夫で安上がりにできる実験，試薬の浪費，無意味（に思える）実験，などなど．でもこれらをもったいないと思うかどうかは研究内容や実験の重要度についての認識の相違にもより，一概に言えないことも多いものです．

一方，明確にもったいないと感じることができるのが**まだ使えるものを捨ててしまう**ことです．「使い捨て」と思われていても，用途を限定したり耐久性を理解していれば，使い回せるものはいろいろとあります．本章（エコ4）では「再利用」をキーワードに，実際に私たちの研究室で行っている例をいくつか紹介します．

エコ4

2 ウエスタンブロットのメンブレンはリプローブしよう

村田茂穂

　ウエスタンブロットが実験手法の中心である研究室は多いでしょう．ウエスタンブロットでコストがかかるのは，多くの場合，一次抗体とメンブレンです[※1]．

◆ **まずはムダなくカット**

　メンブレンは，高いタンパク質保持力と物理的強度の点からPVDFが一般的かと思います．PVDFは存外高価なので，効率よく使いたいものです．**PVDFのシートまたはロールを，ゲルの泳動領域の大きさに合わせた必要十分に近い大きさで切れ端が出ないよう上手に切る**ことくらいは，簡単なエコの第一歩としてぜひ実行しましょう．

　また，PVDFはトランスファーに使用する前にメタノールに浸して親水化処理をする必要がありますが，**そのメタノールは捨てずに回収しましょう**．ほぼ無限に，といっても揮発などで次第に減っていきますが，再利用可能です．

◆ **さあリプローブ，でもその前に**

　PVDFの長所を活かすなら，リプローブ[※2]しつつ何種類かの一次抗体をあてたいものです．しかし，いくらタンパク質保持力が強いといっ

ても，リプローブのたびにメンブレンに吸着されたタンパク質は少しずつ剥がれていくので，抗体の反応性が低下することは避けられません．またリプローブが不十分で前回の抗体のシグナルがぼんやり現れることもあります．ここは少しだけ頭を使いましょう．

◆抗体の順番を工夫しよう

- 目的とするバンドの大きさ
- 一次抗体の特異性の高さ（非特異反応の少なさ）
- 抗体の強さ
- 二次抗体の種類
- 見たいものの優先度

を勘案して最適な抗体の順番を考えましょう．二次抗体の動物種がお互い異なっている，あるいは異なるバンドサイズを検出する特異性の高い一次抗体を続けて使用するのなら，その間にリプローブをはさむ必要はありません．

　私たちは5種類程度の一次抗体を，リプローブを2〜3回はさんであてることを日常的に行っています（図1）．ここまでやるのは私たちの研究内容の特殊性ゆえかもしれませんが…[※3]．

◆洗浄時間も見なおそう

　ウエスタンついでに触れておくと，抗体によっては抗体反応後の洗浄が，数秒×3〜4回で十分なものも数多くあります．実際の経験上，**大半の抗体については，教科書どおりの「洗浄10分×3回」などの丁**

※1：なお，ケミルミ試薬は自作できるのでローコストですみます．エコ2-4「ケミルミ試薬をつくってみよう」でご紹介していますので，参照ください．
※2：リプローブ：抗体除去試薬などを用いてメンブレンから抗体を外すこと．
※3：私たちはプロテアソームというサブユニット33個からなる複雑怪奇な構造体の研究をしています．

エコ 4

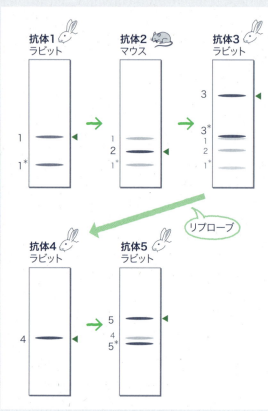

図1 ● 抗体をあてる順番を工夫しよう

リプローブを繰り返すと（リプローブしなくてもウエスタンを繰り返すと），徐々に抗体の反応性が低下する．非特異も含めた出現バンドのサイズと強さ，動物種などの各抗体の特徴を把握しておけば，リプローブの回数を最小にして，多くの抗体をあてることができる（◀は目的のバンド，＊は非特異バンド）

寧な洗いは不要です．二次抗体についても同様です．使用する抗体の特徴をつかんで実験を進めると，時間の節約にもなります．

3 一次抗体を再利用しよう

村田茂穂

　一次抗体は概して高価あるいは貴重です[※1]．すでに行っている研究室も多いかと思いますが，**一次抗体は再利用しましょう**．

　経験上，大半の抗体はバッファーに希釈後，防腐のためのアザイドを入れて4℃で保存すれば何度も再利用可能です．数カ月以上の期間にわたり数十回以上，もちがよいものだと数年にわたって100回以上繰り返しウエスタンに使えます．

◆大量希釈液をつくると便利

　頻繁に使用する抗体については，10 mLあるいは50 mL分の希釈液をつくって研究室のメンバー全員で使い回しています．タッパーに抗体液をたっぷり入れてメンブレンを泳がせながらあてられるので，準備が楽，あたりムラの心配がないというメリットがあります．

　懸念される点として，**一人でも使用後の抗体を戻す場所を間違えると悲惨な事態になる**ことが予想されます．でも学生さんもそのことは十分承知しているおかげか，幸いこの8年間でそのような事態は一度もありませんでした．念のため，抗体を保存するチューブに使用日と使用者名を毎回書き連ねる（図1）ことによって，いつ抗体がダメになったかをさかのぼって追跡できるようにしています．

[※1]：一次抗体は自作できます．詳しくはエコ2-3「抗体をつくってみよう」を参照ください．

エコ4

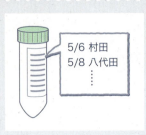

図1 ● 抗体の保存チューブに使用日と使用者名を記入

　リクエストに応じて抗体を送付することがよくあるのですが，かなりの量を送ったにもかかわらず「全部使ってしまったからまた送ってくれ」という再リクエストがさほど間をおかずに届くことがあります．ですから最近は，前記のような注意を抗体送付時に付け加えるようにしています．

◆初めてのものは慎重に

　抗体によっては繰り返しの使用に耐えないものも，もちろん存在します．希釈バッファーの工夫（BSAを加えるなど）で改善する場合もありますが，いずれにせよ初めて使用する抗体に関しては，いきなり大量の希釈液を用意するのではなく，初回は少量の希釈液を使ってパラフィルムサンドイッチやハイブリバッグで使用し，その希釈液が再利用できるかチェックすることをお勧めします．

◆メンブレンを細く切る節約法は？

　一次抗体を節約する工夫として，目的のバンドサイズに相当する部分だけメンブレンを細く切り取って使用するという方法もあるようですが，意外なタンパク質の挙動（修飾やプロセシングなど）を見逃して大発見しそこなうかもしれないと思うと，個人的にはパスです．

4 アガロースゲルを再利用しよう

村田茂穂

　DNAワークをルーチンとする研究室では，DNAの電気泳動に使用するアガロースゲルの量も相当なものかと思います．これを再利用しましょう．アガロース自体がそれほど高価なものではないので金銭的なエコ効果は穏やかですが，手間としては新しいゲルをつくるのと大差ないので，少しでも節約したい場合はお勧めです．

アガロースゲルの再利用

手順

❶ ゲルの濃度別に回収する

　⬇

❷ 再溶解（やかんに放り込んでオートクレーブで95℃，10分）
　▶ 溶解させる温度はアガロースの種類による．融解点より少し高い温度に設定する

　⬇

❸ 固める

　これだけです．再利用を重ねるに従ってゲルがもろくなってくるので5回程度を目安に新調しています．

エコ4

　再利用ゲルにはエチジウムブロマイド（臭化エチジウム）が含まれていることが多いと思います．その場合は以下の注意をお願いします．
　ご存知のように発がん性があるので，慎重に扱う必要があります．エチジウムブロマイド自体が揮発することはないようですが，「加熱すると分解し有毒な気体を生成する」[1]とあるので，必要以上に高い温度をかけない方がよさそうです．またエアロゾルに含まれて飛び散ると危険なので，ゲル溶解時に煮沸させないようにしてください．

◆ 文献

1) 臭化エチジウム．国際化学物質安全性カード，ICSC番号1676：国立医薬品食品衛生研究所，2006
http://www.nihs.go.jp/ICSC/icssj-c/icss1676c.html

5 プラスチックチューブを再利用しよう

村田茂穂

　日常的に15 mLや50 mLのコニカルチューブを実験に使用します．高速遠心に耐えなければならないので当然なのですが，つくりが立派で使い捨てにするには気が引けます．ただバッファーを入れていただけなのに，用が済んだら捨てるのはもったいない．ミニプレップ用に大腸菌を培養する丸底チューブも，消費量の激しい消耗品です．これらは実験系ゴミの主成分でもあります．

　私たちはこれらの大半を再利用しています．といっても，1本1本，試験管ブラシを使って洗剤で洗って…などということは行いません．そうまでしないと汚れが落ちないようなものは捨てています．==再利用チューブの目的にかなった，可能なかぎり手間をかけない洗い方==をしましょう．

◆ 培養室編

　細胞培養はコニカルチューブをたくさん使用する実験です．基本的にきれいなものばかり扱っているはずなので，洗いもシンプルにします．==洗剤など使うと，洗い残しの心配からすすぎを丁寧にせざるをえなくなって，かえってやっかいです==．単に水道水で軽くすすいで，逆さにして放置しておきましょう．

　数がまとまったら超純水で軽くすすいでオートクレーブしますが，フタの部分と本体の部分は別々にします．実際，培養室でコニカル

エコ 4

チューブを使うのは細胞や試薬を希釈したりという場合が大半なので，フタはめったに使いません．必要な場合だけフタを取り出して使っています．なお，ウイルスや毒物を扱ったものは再利用せず適切に処分します．

◆一般実験室編

まず再利用の目的を定めましょう．私のところでは，

- 臓器ホモジネートを入れる
- 大腸菌や酵母を培養する・回収する

を再利用品の使用目的としています．使用前歴別，用途別に区分することも可能ではありますが，作業の単純化・効率化を優先しました．

再利用するものは遺伝子組換え微生物を扱ったものが多いので，使用後のチューブは殺菌のため塩素系漂白剤を薄めた液の入ったバケツに放り込んで，数がまとまるまで貯めておきます．これを水道水で数回すすいだら，オートクレーブして完了です．しょせん，大腸菌や酵母の培養や非常にクルードなサンプルを扱うために使用するのですから，丁寧な洗いは不要です．

◆効果のほどは

以上の再利用で，**従来と比べるとチューブの消費量が10分の1以下に減り**，経済的にも貢献しています．変形してしまうまで何度でも再利用できますし，用途によっては多少の変形は問題ないことが多いです．

学生さんにはその分，少し手間をかけてしまっていますが，週に1度，数人で井戸端会議的に意外に楽しく洗い物をやっているようです．

6 ガラスボトムディッシュを再利用しよう

村田茂穂

　プラスチックウェアで高価なものといえば、ガラスボトムディッシュがあげられます．底面がカバーグラスであり、生きた細胞を高倍率で顕微鏡観察するときに必要なのですが、1個数百円もするので、ぜひ再利用しましょう．中性洗剤で洗ってUVで滅菌すれば、何度でも再利用可能です．

　本章（エコ4）でご紹介した以外にも、細かいものをあげれば注射筒やプラスチックピペットなどさまざまありますが、きりがないのでこのくらいにしておきます．ポスト「もったいない」として「断捨離」もブームになりましたが、少なくとも実験に関する試薬・消耗品に関してはなかなかその境地になれません．むしろ研究テーマについては「断捨離」も必要かもと思うことしばしばですが…．

それいけ！Mr. P!
④ MOTTAINAI の巻

エコ5 インターネットを活用しよう

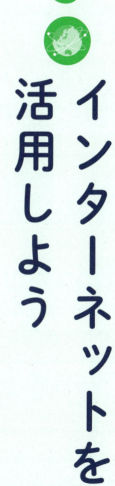

1 文献を手軽に管理しよう

村田茂穂

　皆さん大量の論文PDFを抱えていると思いますが，上手に活用していますか？ 必要な論文をさっと探し出すの，意外に難しくないですか？

　「もう一度ダウンロードすればいい」というのはここではなしにしましょう．最近はとても便利な文献管理のためのアプリケーションが存在します．上手に活用すると一粒で2度も3度もおいしいのです．しかもそれが無料なら，学部の学生さんでも抵抗なく使えますよね．「タダで効率的に文献管理をしよう」，以下にご紹介するのはそんな方法です．

◆ **文献管理アプリの必要性と利便性**

　大量の論文のコピーを壁一面にファイリングしていたのも今は昔，文献はPDFで読む時代になりました．しかし今度は増え続けるPDFが迷子になるストレスが…．

　この時間と労力を節約する研究者のマストアイテムが，**文献管理アプリ**です．私が文献管理アプリに求める機能は，雑多に収集したPDFをわかりやすく整理するという基本的な機能は当然として，その他に以下を必須とします．

- **論文用のreferenceを自動作成してくれる**

　論文を書いたことのない学生さんにはピンとこないかもしれません

が，論文の本文中に右肩付きで数字を入れて，文末に各雑誌のスタイルに合わせて数字に対応した論文情報のリストをつくる，などというものです．あれを手作業でやるとしまいには暴れだしたくなるので，卒論，修論，博論までにはマスターしましょう．

● **整理した論文 PDF を自宅や外出先でも読める**

もう紙の論文を持ち歩く必要はありません．iPad も軽くなったし，iPhone も大きくなりました．論文をダウンロードできる環境にいなくても，いつでもどこでも登録した論文を読むことができます．

● **論文に注釈をつけられる**

論文を読んで重要なところにマーカーで線を引いたり，コメントを書き込んだりしますよね．同じ論文を見返すときに参考になるものです．これをアプリ上で行います．しかも，1つのデバイスで付けた注釈が他のデバイスで開いても同じように見られることが必要です．

以上のすべてを可能にする，しかも無料のアプリが世の中に存在するのです．**Mendeley** といいます．Windows, Mac, Linux, iOS, Android に対応しています．他にも文献管理アプリはいくつかありますが（後述），無料でここまでできるのは Mendeley だけでしょう[※1]．

以下，個人持ちの Mac（OS10.11），iPad／iPhone の場合を例に，初めて Mendeley を利用しようという方のために，マニアックでない，きわめて基本的な利用方法を説明します[※2]．本稿を読めば，最小限の労力で前記の機能をすべて活用できるようになるはずです．

※1：Mendeley の他の長所として，PDF の全文検索が可能になることがあります．Mac なら OS の機能として PDF の中身検索ができますが，そうではない Windows 使いの方には便利な点かもしれません．

※2：Windows でもほとんど同様にできると思いますが，細かな点はアプリのバージョンや使用環境によって若干異なるようです．

◆アカウントをつくってアプリをダウンロードしよう

　最初に，パソコンからMendeleyのホームページ（https://www.mendeley.com）に行ってアカウントを作成しましょう．氏名，email，任意のパスワード，研究分野，身分を尋ねられるだけです．するとパソコン環境に合わせてデスクトップアプリが自動的にダウンロードされますので，指示に従ってインストールしましょう．

　アカウントを作成するとMendeleyのサーバーにMendeley専用の2 GBの容量が無料でもらえます．いわばクラウドサービスです．私の場合は1,000論文が登録できています．有料サービスを申し込めば容量を増やすこともできますが（年間110 USDで10 GB[※3]，など），学生さんの場合はその必要はないでしょうし，お金を出すならもっとよいアプリもあります（後述）．

◆論文PDFをMendeleyに取り込もう

　ダウンロードしたデスクトップアプリを立ち上げて，先ほどつくったアカウントでログインしましょう．このアプリを使って論文を登録していきます．以下にご紹介する2つの方法があります．

　なお，デスクトップアプリに文献を追加したり変更したりした場合は，**こまめにツールバーの［Sync］ボタンを押して，変更内容をクラウドに同期させる癖**をつけておいてください．アプリの起動時には自動で同期してくれるのですが，終了時にはしてくれないので要注意です．

※3：2016年5月現在．

論文PDFの取り込み①：
すでに論文のPDFファイルをダウンロード済みの場合

はじめてアプリを起動させると，既存のPDFファイルや他のアプリ（EndNoteなど）で管理していたPDFのimportを誘導する画面が出てきます．もちろんそれに従って登録してもよいですし，次のように行うこともできます．

手順

❶ 左カラムのAll Documentsを選択
　↓
❷ 中央のカラムにPDFファイルをドラッグ＆ドロップ
　↓
❸ Author，Title，その他の文献情報の自動解析が行われ，登録完了

　PDFファイルが複数入ったフォルダーごとドラッグ＆ドロップすればまとめて登録してくれます（図1）．
　ときどき，自動解析が不十分で文献情報の一部が空欄のままになることがあります．そんなときは以下のようにすると情報を埋めることができます．

文献情報の一部が空欄になった場合

手順

❶ その文献を選択する
　↓
❷ 右のカラムに［Search］ボタンが出てくるのでクリック
　▶ Google Scholarで検索して正しい情報を埋めてくれる
　↓
❸ 文献情報が正しければ［Details are Correct］をクリックして登録完

エコ5

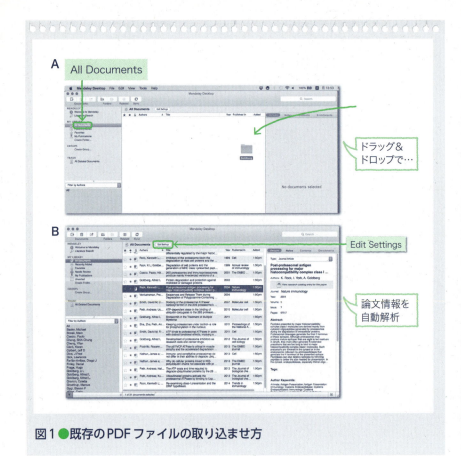

図1 ● 既存のPDFファイルの取り込ませ方

了（図2）

⚠ 比較的新しい論文はほぼ正しく自動解析してくれるが，古い論文は苦手のよう
⚠ タイトルすら空欄の場合は，手入力して［Search］をかけると正しい情報を埋めてくれる

　また，左カラムに論文仕分け用のフォルダーを好きなだけつくることができます．［Create Folder...］をクリックしてつくりましょう．論文を登録する際に最初から各フォルダーに直接PDFファイルを読み込むこともできます（図3）．

インターネットを活用しよう

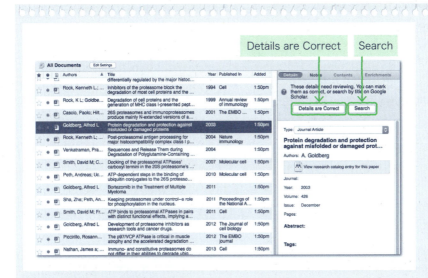

図2●文献情報の空欄の埋め方
古い論文は自動解析不十分になることがしばしばあり，その場合は手動でGoogle Scholarから情報をとってきて補完させる

エコ5

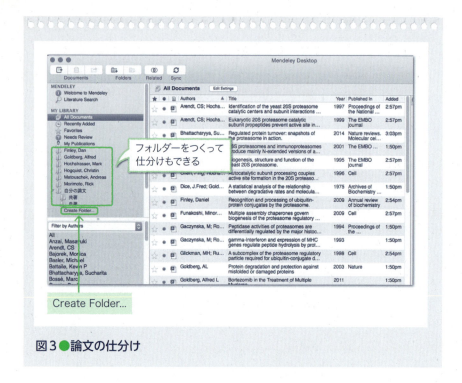

図3 ● 論文の仕分け

続いて2つ目,論文をウェブで検索しながら登録する場合の方法です.

論文PDFの取り込み②:論文をウェブで検索しながら登録する場合

準備

☐ アプリメニューのTools > Install Web Importerを開き,[Save to Mendeley]ボタンをブラウザーのbookmark(お気に入り)のクリックしやすいところ(ツールバーなど)に登録する

インターネットを活用しよう

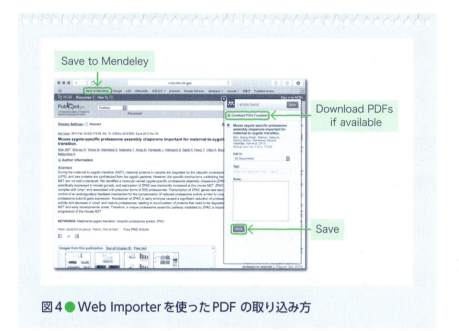

図4 ● Web Importer を使ったPDFの取り込み方

> 手 順

❶ PubMedやGoogle Scholarなどを使ってPDFをダウンロードしたい論文を検索

　↓

❷ 論文のページにきたら［Save to Mendeley］をクリック

　↓

❸ ダウンロード可能なPDFがある場合は図4のように［Download PDFs if available］と出てくるので，［Save］をクリック

　↓

❹ 文献情報，PDFともに登録される（p164参照）

⚠ ［Download…］が出てこなければ文献情報のみ登録される

エコ5

　出版社によりMendeleyとの相性の善し悪しがあるようで，Elsevier（Mendeleyの親会社）系列誌やPNAS誌など大部分の出版社の論文はこの方法でダウンロードできますが，NatureやScience系列誌などは［Download …］が現れません．この場合は，手動でPDFを適当な場所にダウンロード後に「論文PDFの取り込み①：すでに論文のPDFファイルをダウンロード済みの場合」の方法で登録してください[※4]．

◆Mendeleyをカスタマイズしよう

　どんなアプリにもカスタマイズ用の設定があるものですが，Mendeleyでは基本設定を2カ所だけチェックしましょう．

　本稿を読みながら操作してきた人はここまで何の問題もなくデフォルトの初期設定で使えているはずですし，面倒な人はスキップして初期設定のまま使用を続けても当面は問題ありません．

　登録された論文は「文献情報」（著者，タイトル，雑誌名，巻号頁など）と「PDFファイル」とに分けて管理されています．文献情報は常にクラウドに同期されますが，PDFファイルの同期は選択できます．ここではPDFファイルもすべてクラウドに同期させて，いつでもどこでもPDFを読める態勢をとりましょう．

※4：なお，Mendeleyはsupplementary dataの扱いも苦手です．自動でダウンロードしてくれれば楽なのですが，そうはなっていません．supplementary dataファイルを追加したい場合は，右カラムのFilesのところにある［Add File…］機能で1つずつ追加する必要があります．また，知らないうちに同じ論文を複数登録してしまうこともあります．アプリメニューのTools ＞ Check for Duplicatesで同じ論文を検索してくれるので，mergeするなり片方を削除するなりしましょう．

インターネットを活用しよう

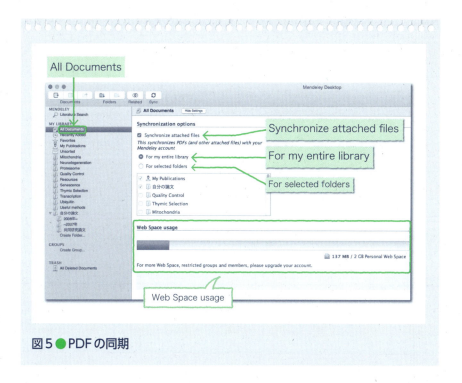

図5 ● PDF の同期

PDF ファイルを常に同期させる

手順

❶ 左カラムの All Documents を選択

⬇

❷ 中央のパネルの上端に [Edit Settings] ボタンが見えるので（図1B 参照）クリック

⬇

❸ [Synchronize attached files]，さらに [For my entire library] にチェックを入れれば，登録した論文 PDF すべてがクラウドに保存される（図5）

エコ5

同じウインドウの下の方にWeb Space usageというインジケーターがありますが，これは現時点で使用済みの容量を表しています．容量が一杯になってきたら［For selected folders］にチェックを移して，同期させるPDFをフォルダー単位で選択すればよいでしょう．

登録したPDFファイルは，デフォルトでは非常にわかりにくい場所にひっそりと保存されています．自分のパソコン内のわかりやすい場所に整理して保存しておくと，いざというときに意外と便利です．

登録したPDFファイルを整理してパソコンに保存する

手順

❶ アプリメニューのMendeley Desktop ＞ Preferencesウインドウの［File Organizer］タブを設定

↓

❷ ［Organize my files］にチェックを入れると，自分のパソコン内の好きなところに論文を保存する場所を指定できる（図6）※5

私の場合は別のクラウドサービスであるDropbox内のMendeleyフォルダーを指定しています．Dropboxにしている理由は，Mendeleyが万一不調のときでもPDFにアクセスできるということくらいで，実際はどこでもOKです．

※5：ひどい論文で二度と読むことがないのに登録してしまった，という論文は，パソコンのdeleteキーで消すことができます．すると左カラムのTRASHに入るので，右クリックからEmpty Trashで空にしてください．これでクラウド上からは文献情報もPDFファイルも消去され，使用容量が節約できます．
しかし，まだパソコン上にPDFが残ったままになっています．File Organizerで指定したフォルダー内のArchivesフォルダーに移されているので，そのフォルダーをゴミ箱に捨てるか，File Organizerの［Organize my files］のところの［Tidy Up］を押して［Delete Archived Files］とすれば跡形もなく消し去ることができます．きれい好きの方にはお勧めです．

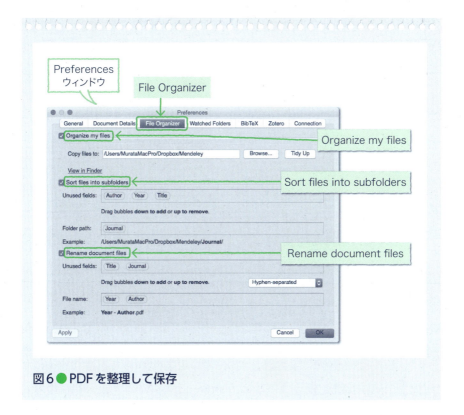

図6 ● PDFを整理して保存

◆PDFファイルをもっと整理したい方に

　前述した「登録したPDFファイルを整理してパソコンに保存する」と同じ［File Organizer］タブ内の［Sort files into subfolders］は，PDFファイルをsubfolderに自動分類してくれる機能です．

　［Rename document files］は各PDFファイルにわかりやすいファイル名をつけ直してくれる機能です．Journal，Year，Author，Title情報の任意の組み合わせを指定できます（図6）．

エコ5

　これらは必須の設定ではありませんが，万一Mendeleyが不調でも論文を見つけやすくなるというメリットはあるかもしれません．例ではsubfolderをJournal名で分け，PDFファイル名をYear-Authorとしています．これは私が論文を思い出すときに「2010年頃の誰某のJBC」という思い出し方をするので，それに近い設定にしています．各人，論文をどういうふうに思い出す癖があるかに応じて，好きな設定にすればよいと思います[※6]．

◆自宅のパソコン，タブレット，スマホで論文を読もう

　論文情報やPDFをMendeleyのクラウドに同期さえしておけば，自宅のパソコンにデスクトップアプリをインストールしてログインするだけで，仕事場のパソコンと全く同じファイル，フォルダー構成で再現されます．当たり前ですが，自宅で論文を追加，削除した場合でも，仕事場のパソコンに反映されます．

　電車で移動中に「あの論文が読みたい！」となった場合（滅多にないかもしれませんが）でも，スマホやタブレットがあれば仕事場のパソコンと全く同じものを読むことができます．iOS，AndroidともにMendeley純正のアプリが無料でダウンロードできます．ログインすればたちまち同期されて，仕事場のパソコンと全く同じファイル，フォルダー構成で再現されます．

◆Annotationを付けよう

　論文の重要なポイントを目立たせるために，Mendeleyでは長方形のハイライト（8色選べ，重ね塗りで色を濃くできる）と，付箋紙風

※6：1つ残念なのは，Authorがfirst authorのみを指しており，last authorで論文を思い出すことが多い私にはやや不満です．

インターネットを活用しよう

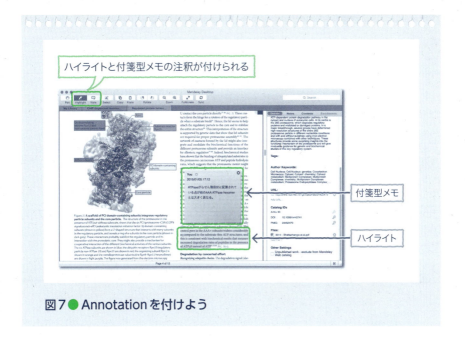

図7●Annotationを付けよう

のメモ書きを付け加えることができます（図7）．デスクトップアプリでもモバイル用アプリでも同じように注釈を付けられて，1つのデバイスで付けた注釈が他のデバイスで開いても同じように見えます[7][8]．

◆論文の引用文献リストをつくろう

論文を書こうとするときに必須になる機能がこれです．

※7：ただし，注釈はPDFファイルに書き込まれるわけではなく，Mendeleyのクラウドに，PDFとは別の情報として保存されているようです．注釈つきのPDFファイルが欲しい場合は，デスクトップアプリで論文を開いた状態で，アプリメニューのFile > Export PDF with Annotations …とすればできあがります．

※8：アプリメニューのFile > Printで印刷できます．ハイライトやメモの内容も印刷可能です．右カラムのFilesにあるPDFファイルを右クリックするとOpen File Externallyという項目があるので，適当なPDFビューワーアプリで開いてから印刷することもできます．

リスト作成の準備

Microsoft Word を使用していることが前提となります．

手順

❶ Mendeley アプリメニューの Tools > Install MS Word Plugin を選択
⬇
❷ インストールが成功すると，Word に Mendeley Toolbar という新しいツールバーが加わる（図8）

Word に Mendeley Toolbar を追加したら，Word 上で文献の挿入箇所を指定していきます．

文献挿入箇所の指定

手順

❶ Word 文書の文献を挿入したい箇所を指定
⬇
❷ Mendeley Toolbar の［Insert or Edit Citation］をクリック
⬇
❸［Mendeley Citation Editor］という小さいウインドウが現れるので，引用したい文献を検索して OK をクリック
⬇
❹ 例えば Nature スタイルを指定していれば，肩付き数字が Word 文書中に現れる（図8）

⚠ 同時に複数の論文を入れることもできる
⚠ ［Insert or Edit Citation］をクリックすることで，文献を同じ箇所に追加したり削除したりすることも容易

論文のライブラリー全体を眺めながら選びたい場合は，［Mendeley Citation Editor］のなかの［Go to Mendeley］をクリックするとデス

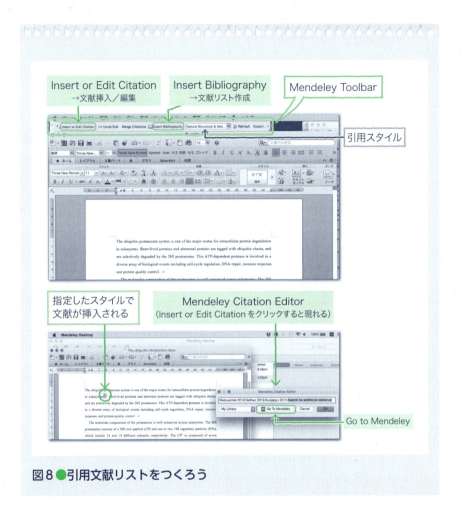

図8 ● 引用文献リストをつくろう

クトップアプリに飛びます．そこで引用したい論文を選んで，[Cite]をクリックすれば引用完了です．

Word文書内への文献挿入が終わったら，最後に引用文献リストを作成します．

エコ5

引用文献リストの作成

手順

❶ Word 文書中のリストを作成したい箇所を指定

⬇

❷ Mendeley Toolbar の［Insert Bibliography］をクリックすれば，瞬時にできあがる

　違う雑誌のスタイルに変更したければ，Mendeley Toolbar のなかにあるプルダウンメニュー，［Choose Citation Style］で雑誌を選べばあっという間に引用スタイルを変更してくれます．初期リストに目的の雑誌のスタイルがなくても，7,000 以上のスタイルから検索してインストールすることができるので，皆さんが投稿しようとする雑誌はほぼすべてカバーしているのではないでしょうか（多分）．

◆他のオススメ文献管理アプリ：魅力的な ReadCube

　無料で文献管理ができるアプリとして，Nature 系列誌が肩入れしている ReadCube も非常に魅力的です．デスクトップアプリも iOS アプリも無料で配布されており，Mendeley にない長所を数多くもっています．

　例えば，デスクトップアプリで検索してそのままシームレスに PDF のダウンロードができたり，感涙ものは supplementary data も一緒にダウンロードしてきちんと管理してくれる点です（ただし雑誌とファイル形式による）．登録した論文コレクションを参考にしておすすめ論文を教えてくれる機能もとてもおもしろいです．

　ただし，クラウド同期機能が有料（ReadCube Pro；年間 55 USD で容量無制限[※9]）という点で，エコの趣旨から対象外としてしまいまし

た．でもクラウド同期が必要ない方（メインのパソコンでのみ論文を扱う方）にはかなりお勧めです．

◆他のオススメ文献管理アプリ：最強の Papers

　お金を払ってもよいのなら **Papers** という有料アプリを購入して，DropboxでPDFを管理する方法がこれまでの経験では最強です．

　これまで述べたことがほとんどすべてできるうえに，カスタマイズの自由度が非常に高いです．価格もそれほど高くない（デスクトップアプリ 79 USD，iOSアプリ無料[※10]）ので，研究を本職とする人には現時点では一番のお勧めかもしれません．ただし，数年に一度バージョンアップがあり，有料です．

◆Mendeley をもっと詳しく知りたい方は

　ここではMendeleyのごく基本的な使い方に絞って説明しました．完璧とは言えないアプリで，なおいっそうの改良を期待していますが，卒論，修論，博士論文を乗り切りたいくらいであれば十分なスペックでしょう．専業研究者でも使い方次第では十分役に立ちます．

　日本語文献の管理など，ここでは説明しきれなかった便利な機能がまだまだありますので，より詳しくは筑波技術大学視覚障害系図書館の方が書かれた「Mendeleyの使い方」[1] が詳細かつ大変わかりやすく，加えてそこはかとなくおもしろいので，ぜひ参考にしてください．

◆進歩する文献管理アプリを使いこなそう

　私がかけだし（大学院生）の頃は，論文はすべて紙媒体でした．ボ

※9：2016年5月現在．
※10：2016年5月現在．なお，最新バージョンはPapers3．

スや先輩が「あの論文，読んだ？」と言って，一見無造作に区分けされたファイルから，何色もの蛍光ペンで塗り分けられたコメント入りの論文をさっと取り出すのを見て驚嘆したものです．同時に，引用文献リストをつくるためだけに高価な有料ソフトを使っていたものです．

　時代は変わり，PDF時代の新しい文献管理方法は研究者の大事なスキルになってくるでしょう．最近ではAltmetricsという，Twitterやブログなどでの評価情報も論文に付帯するようになりはじめています．自分の以前の論文のAltmetricsを調べてみたところ，「あのおっさん，ただの変態やなかったんや…」とTwitterでつぶやかれているのを発見して，嬉しいやら哀しいやら．SNS機能や論文オススメ機能なども加わるようになり，文献管理アプリが単なる文献管理だけではなく，新しいツールとして多機能化する傾向にあります．

　進歩する文献管理アプリをうまく使いこなせるようになると，新しい発見があるかもしれませんね．

◆文献
1）「Mendeleyの使い方」（筑波技術大学視覚障害系図書館），2013
　http://library.k.tsukuba-tech.ac.jp/ori/Mendeley.pdf

2 試料をリクエストしあおう

今居　譲

　研究費をなるべく使わないのもエコ実験だけれども，発想の転換で研究を失敗しない，ルーチンワークの時間を節約することも，ある意味"エコ"といえるでしょう．研究のなかで，実はかなりの時間的ウェイトを占めるのが「準備」です．DNAクローンに，抗体に，細胞に……と，目的の実験を始めるまでの壁は，ときに果てしなく高いものです．

　でもちょっと待ってください．その作業は本当に必要でしょうか？　あなたよりも先に，もうその壁を乗り越えた人がいるのでは？　それならば，大いにその恩恵にあずかりましょう．試料を分かちあうことも，科学コミュニティ全体のエコにつながるのだから．

◆時間がない，人手もない！

　ラボに長時間残って手を動かす機会の多い大学院生や博士研究員は，試薬づくり，実験，ミーティング，成果発表準備と忙しい．時間がいくらあっても足りないはずです．

　最近では，RNA干渉によるスクリーニングや質量分析による結合分子の同定などが汎用技術となったため，得られた候補分子リストをもとに，一度にたくさんの分子を扱うことも多くなりました．一人でこれらすべてをPCRでクローニングして，全長のシークエンスを確認するのはたいへん．また，抗体もないから内在性の分子の挙動も確認できません．これから全部つくるのか？　どうしよう，という場面もあり

えます.

◆すでにある試料を探してみよう

そういうときは,まずAddgene[※1]やアイオワ大学ハイブリドーマバンク(DSHB)[※2],理研バイオリソースセンター[※3]など,公共のリソースセンターに該当するものがないか探してみましょう.

なければ,過去にその遺伝子の発現プラスミドや抗体が使われていないかどうか,文献を探してみましょう.運よく該当する論文があった場合,メールアドレス[※4]が書かれている責任著者(corresponding author)に,試料をリクエストしてみましょう.過去に使われたプラスミドや抗体は,遺伝子発現や品質が保証されているわけだから,それらをチェックする予備実験も最低限でよいはずです.

◆海外へもリクエストしよう

海外の著者にリクエストする場合,以下のひな形を参考に,色文字部分を適宜変更してメールを書きます.

Dear Dr. ××××[※5],

I am a postdoc in the laboratory of Dr. ×××× at ×××× Uni-

- ※1:Addgeneは,研究者にプラスミドを分配する非営利組織です.https://www.addgene.org;1クローン65 USD(送料別)
- ※2:DSHB(Developmental Studies Hybridoma Bank) http://dshb.biology.uiowa.edu;35 USD〜(送料別)
- ※3:理化学研究所バイオリソースセンター http://www.brc.riken.go.jp
- ※4:古い論文だと責任著者の所属やメールアドレスが変わっている場合も多いので,PubMed(http://www.ncbi.nlm.nih.gov/pubmed/)などを使って著者の最新情報を確認する必要があります.
- ※5:教授であることがわかっているなら,Dear Professor XXX,としてもよいですが,肩書きが不明なら,Dr.で構いません.

versity, and am interested in **effects of mitochondrial stress responses on aging**. I have read your paper (**Smith et al., 2013**) with great interest, and am wondering if you could share the following plasmids described in your paper with us:

pcDNA3-YYY[※6]
pcDNA3-ZZZ

I would greatly appreciate your support.
Our shipping address is as follows. Please use our FedEx account number ×××× for a convenient transfer.

Looking forward to hearing from you.
Best wishes,
Yuzuru

Department of ××××
×××× University Graduate School of Medicine
×-× Hongo, Bunkyo-ku, Tokyo 113-×××, Japan
Phone : +81-3-××××-××××
E-mail : ××××@××××.ac.jp

件名はシンプルに，××××plasmidや××××antibodyなどでよい

※6：リクエストする試料を列挙すると，読み手が読みやすく間違いが防げます．

でしょう．たいてい数日のうちに返事が来るはずです[※7]．所属研究室がFedExのアカウントをもっていると，リクエスト側が送料を負担するよう選択できます．その場合，

 Please use our FedEx account number ×××× for a convenient transfer.

と記しておきます．

 発送される国や荷物の重量によりますが，抗体やプラスミドなら常温でよく[※8]，送料は5千〜1万円程度．凍結細胞ならドライアイス込みの荷物（ドライアイスは8〜10 kgぐらいは入れてもらった方がよいでしょう[※9]）になるので，数万円程度になります．FedExの送料を研究費から支払ってもらえるかは，あらかじめボスと相談しておきましょう．軽量なプラスミドや抗体なら，普通便（by regular mail）で送ってくださいと伝えれば，相手に数百円程度の負担を強いるだけで手元に届きます．

 また，研究機関により，試料の譲渡の条件としてMTA（Material Transfer Agreement）の交換を義務づけている場合があります．その場合，MTAを2部用意し，提供元と受領先の研究者および所属研究機関の知財関連の責任者におのおの署名してもらい，提供元と受領先それぞれが1部ずつ保管します．

 MTAには，試料を無断で再分配しない，論文発表の際に謝辞に試料の出所を明記する，商業ベースでは使用してはいけないなど，使用する際の取り決めが明記してあります．

[※7]：全く返信のメールがなく，いきなり届くこともあります．
[※8]：抗血清は比較的安定なので，常温での輸送で問題ない場合が多いです．精製抗体も，FedExの封筒（常温）でたいてい問題ありません．逆に，海外へ抗血清を送る場合は輸入国側の検疫で没収されることもあるので，事前に輸出可能かどうか調べておきましょう．
[※9]：その国の郵便制度の正確さとスピードに依存しますが，たいてい1週間ぐらいで届きます．

◆細胞の場合は気をつけよう

　細胞はインボイス[※10]に動物種が明記されていないと，日本の検疫で止まってしまうので注意（しっかり書いてもらうようにお願いしておく[※11]）．あらかじめ

Could you tell me the tracking number?

などと書いてAir waybill numberを教えてもらうとFedExのウェブサイトで荷物を追跡できるので，検疫で止まってしまったかどうかもわかります．万一，凍結細胞が止まってしまった場合，FedExに電話をし，荷物の内容を申告すれば大丈夫です．また，ドライアイスがなくなりそうな場合は，補充してくれるように伝えれば補充してくれます．

　韓国，中国などの近隣諸国だと，細胞を生きたまま受けとることもできます．キャップで密閉できるフラスコに培地をぎりぎりまで満たしてもらうと，培地の撹拌による細胞へのダメージもなく届きます．

◆感謝の気持ちを忘れずに

　無事届いたら，以下のようにお礼のメールをしましょう．

Dear Dr. ××××,

We have got your ×××× just now safely.

Thank you very much for your generous support.

[※10]：インボイスとは，物品を送るときに税関への申告・検査などで必要となる書類です．米国，オーストラリアなどへの輸出（リクエストされて国外へ送る場合）には，インボイスとは別に内容証明（statement）が必要になります．詳しくはFedExに問い合わせると，どの国への輸出に内容証明が必要かという情報・記載例がもらえます．

[※11]：例えば，ヒトがん細胞株なら，以下のようにお願いします．
Please declare the item as 'a human cancer cell line for basic research' in the invoice.

```
Regards,
Yuzuru
```

　また,これら試料を使って研究成果を発表する場合は,オリジナルの論文を引用する,謝辞で言及する,MTAの取り決めに従うなどの配慮をしましょう.

◆情けは人の為ならず

　このように,公共のリソースやメールでのリクエストをうまく活用すれば,わずかなデスクワークで,クローニング,発現チェック,抗体作製の品質チェックなどにかかる研究費と時間を節約できます.

　日本では,研究室の長を通してリクエストすることがなんとなく慣習であり,大学院生や博士研究員が責任著者にメールするのは非礼なことという雰囲気がありますが,海外では大学院生,博士研究員がメールで試料をリクエストすることも珍しくありません.また,たいていの研究者はこのリクエストに真摯に応えてくれます.

　そうそう,自分たちが発表した論文[※12]のオリジナルな試料にリクエスト依頼がきた場合も,怠らずに送るようにしましょう[※13].競争しあうだけが研究ではありません.サイエンスを追求する仲間として,助け合いの精神を忘れないことが,ひいてはコミュニティ全体のエコと活性化につながります.

※12:多くの雑誌の投稿規定で,発表論文で使ったオリジナル試料をシェアすることが義務づけられています.リクエストが殺到して研究に支障が出る場合は,公共のリソースセンターに預けるとよいでしょう.
※13:所属研究機関がMTAを交わすことを取り決めている場合は,MTAを交わす必要があることを連絡します.

3 データベース・ウェブツールで研究しよう

村田茂穂

　あるテーマについて研究を開始するときに，最初に行うことは関連する論文を検索して読むことでしょう．しかし，論文に現れているのは論旨に直接かかわっているデータだけで，その裏には表には出ていない大量のデータが満ちあふれています．

　実は生命科学の世界では，このようなデータをデータベースとして整備された形で利用できるようになっています．そのなかには自分が注目している分子についての情報も大量に隠されているでしょう．また，これまでの研究の成果の蓄積に基づいて，さまざまな予測をしてくれるツールもウェブ上に数多く用意されています．それらの情報をうまく活用するだけで，効率よく実験を進めたり，新しい着想を得たり，幸運な場合は新発見につながることもあります．

　私はデータベースの専門家でも何でもなく，素人の末端ユーザーの一人ですが，それでも実際の研究を進めるにあたって新しいアイデアを得るのにデータベースに大いに助けられてきました．データベースやウェブツールの活用は，ネットがつながるパソコンさえあればできる，究極のエコ実験かもしれません．

◆**実験せずにたったの数時間で新発見！**

　最初に私自身の体験をご紹介します．私はプロテアソームという33

種類ものサブユニットから成り立っている複合体型のタンパク質分解酵素の研究をしています．2005年，マウスやヒトのゲノム配列の解読が完了して間もなくの頃です．当時はEST（expressed sequence tag）などのデータベースやBLAST（相同な塩基配列やアミノ酸配列を検索するプログラム）などのウェブツールも充実しはじめた頃で，私も暇さえあればパソコンを前にして，データベースをいじり倒してはニヤニヤしているような，オタクな研究者でした．

　プロテアソームのサブユニットはいくつかのパラログ遺伝子群から成り立っていることはすでにわかっていましたが，プロテアソームにこれ以上未知のサブユニットがあるとは誰も予想していませんでした．「プロテアソームの新しいサブユニットが見つかったりして」と遊び感覚で既知のサブユニットの1つひとつをqueryとしてBLASTをかけたのがきっかけです．すると，いまだゲノム配列には何の遺伝子も帰属されていない，いわば「空白」領域に，あるプロテアソームのサブユニット配列と類似しつつも明らかに異なるタンパク質をコードすると覚しき核酸配列が見つかりました．

　イントロンレスだったこともあり，偽遺伝子かなぁと半信半疑でしたが，そもそもこんな配列をもつmRNAが発現しているものかとESTデータベースを調べてみると，どうやらマウスでもヒトでも発現していることは間違いなさそうでした．

　さらに驚いたのは，UniGeneという，全くannotationされていない"推定"遺伝子も網羅しているデータベースにその配列は登録されていたのですが，そのなかに組織ごとの発現量をEST情報をもとに数値化してくれるEST profileなる便利なツールがあって，その未知のプロテアソームサブユニットが胸腺（thymus）に限定して発現していること

がわかりました(図1).

　思い立ってわずか数時間,この時点で勝負がついたようなものです.実際,この遺伝子は全く新しいプロテアソームサブユニットをコードするものでした.あとは型どおり実験を進めて1つの研究にまとめることができました[1].

　この例は,今よりはおおらかだった時代ならではの幸運だったとは思いますが,「データベースとたわむれること」で思わぬ拾いものをしたことになります.

◆データベースの活用で大きな仕事がどんどん生まれている

　戦略的にデータベースを利用して大きな仕事につなげたという点で有名なのは,iPS細胞を樹立した山中教授チームによる論文でしょう[2].いわゆる山中因子を同定する際に,FANTOMというデータベースを利用してES細胞にのみ働いている転写調節遺伝子を24個に絞り込んだことがはじまりです.

　FANTOMでいえば,eRNA (enhancer RNA) データに注目し,脳で発現が高いeRNA-遺伝子のセットを特定し,さらにこれを神経疾患のゲノム解析データと比較して,自閉症でみられるDNA多型と関連していることを見つけたという論文が報告されています[3].これなどは著者らが自ら行った実験は一部のみで,大半がデータベースの活用で結論に迫っています.

　データベースをフル活用することは新しい創薬にもつながりそうです.複数のGWASデータ[※1]のメタ解析から関節リウマチの新しい感受性遺伝子を発見し,さらにこれらとエピジェネティクス,タンパク質

	Transcripts per million	Gene EST/Total EST
adipose tissue	0	0/1334
blood	0	0/90433
bone	0	0/35126
bone marrow	0	0/145233
brain	0	0/306838
connective tissue	0	0/20144
dorsal root ganglion	0	0/13350
embryonic tissue	0	0/162610
endocrine	0	0/33837
epididymis	0	0/3267
extraembryonic tissue	0	0/74951
eye	0	0/186324
female genital	0	0/40047
gastrointestinal tract	0	0/120779
head and neck	0	0/129878
heart	0	0/54796
inner ear	0	0/39207
limb	0	0/29681
liber	0	0/112188
lung	0	0/103303
lymph node	0	0/15560
mammary gland	0	0/309641
muscle	0	0/26633
pancreas	0	0/109290
prostate	0	0/30710
skin	0	0/89691
spinal cord	0	0/26652
spleen	0	0/98846
sympathetic ganglion	0	0/10966
testis	0	0/123906
thymus	0	22/133123
urinary	0	0/140356
vascular	0	0/12455
vesicular gland	0	0/2184

図1 ● 新しいプロテアソームサブユニットを発見したときのUniGeneでの解析

マウスゲノムに対するBLASTで発見した新しいプロテアソームサブユニットの組織別発現(実際はESTのカウント)をUniGeneで調べたもの(Mm.32009)

間相互作用，ノックアウトマウス表現型，治療薬標的遺伝子などのさまざまなデータベースや，他疾患のGWAS解析などを統合した解析を行うことにより，関節リウマチの新たな創薬標的を導き出す「ゲノム創薬」までできてしまうのです[4]．

もはや凡人には及びもつかない解析ですが，ウェット実験なしで既存のデータベースの活用でここまでできる，という究極でもあります．

◆自分の研究に役立つ「ルーチンで調べるデータベース」セットをつくろう

ウェット実験を主体としている人にとっても，ここまでではないにせよ，データベースの活用しだいで研究の効率の向上や可能性の広がりを低労力・低コストで実現しうることは前述の例で実感していただけたのではないかと思います．少し極端な例を示しましたが，ちょっとした活用だけでもずいぶん研究の見通しが明るくなることを私自身も経験しています．

そこで**研究のために必ずチェックしておくべきデータベースのセットというものを，各研究室の研究対象や興味に応じて設定して研究室で共有**してはどうでしょうか．特に新しい分子について研究を始めるときなど，これらを前もって調べておくことを前提としておくと議論に勢いがつきやすいですし，実験の進め方も決めやすくなります．

例えば，私の研究室（酵母・ショウジョウバエ・線虫・哺乳類細胞を使って遺伝学・生化学・分子生物学的解析を行っている）の場合だ

※1：GWAS（genome-wide association study）：ゲノム全体の一塩基多型の頻度と疾患との関連を調べる解析法．

と，**表1**のようなデータベースやウェブツールをルーチンで調べてもらうようにしています．

他のモデル生物のオーソログ遺伝子の機能を調べることでヒントが得られることもしばしばで，SGD（出芽酵母），PomBase（分裂酵母），FlyBase（ショウジョウバエ），WormBase（線虫）を調べています．

あげるとキリがないほど今日ではデータベースやウェブツールが充実していますので，活用しなければ損な話です．たいていのサイトは無料，登録なしで利用できます．また，ときおりデータが更新されるので，タイミングがよければ他の人が気がつかないうちに掘り出しものを見つけられるかもしれません．

日本ではライフサイエンス統合データベースセンター（DBCLS）[※2]がデータベースの利用性を高めるためのポータルサイトをつくっていて，統合TV[※3]というとても親切に各種データベース，ウェブツールの使い方を教えてくれる動画ライブラリーも充実しています．この点に関しては至れり尽くせり，恵まれた国で研究をしていますね．

◆ どこまで信頼してよいかは経験で

データベースやウェブツールからはき出された結果をどこまで信頼してよいのかというのは，常につきまとう問題です．ほぼ鵜呑みにしてよいデータもあれば，話半分で眺めておいた方がよいデータもあります．そもそも生命科学系の論文の再現性の低さも指摘されているくらいですから，論文情報に基づいた情報なら正しいと思い込むのも危険です．

※2：DBCLS　http://dbcls.rois.ac.jp
※3：統合TV　http://togotv.dbcls.jp/ja/

表1 ● ルーチンで調べるデータベース・ウェブツールのセット（例）

機能解析，表現型，相互作用など総合的な情報		
BioGRID	http://thebiogrid.org	遺伝子発現抑制の表現型やタンパク質間相互作用がまとまっている
GenomeRNAi	http://www.genomernai.org	
PhenomicDB	http://www.phenomicdb.info	
STRING	http://string-db.org	
発現に関する情報		
COXPRESdb	http://coxpresdb.jp	目的分子と遺伝子発現パターンの相関性が高い遺伝子を調べてくれる
GEO	http://www.ncbi.nlm.nih.gov/geo/	目的分子がどのようなときに発現量を変化させるかわかる
RefEx	http://refex.dbcls.jp	臓器や細胞株間で発現レベルを比較することができる
The Human Protein Atlas	http://www.proteinatlas.org	臓器や細胞株間で発現レベルを比較することができる
UniGene	http://www.ncbi.nlm.nih.gov/unigene	オーソログ情報や組織別転写量がわかる
転写調節に関する情報		
ENCODE	https://www.encodeproject.org	ChIP-seqやプロモーター領域のヒストン修飾が確認できる
ECR Browser	http://ecrbrowser.dcode.org	プロモーター領域の種間保存領域の検索や結合転写因子を予測してくれる
タンパク質の性質に関する情報		
PSORT	http://psort.hgc.jp	局在を予測してくれる
SOSUI	http://harrier.nagahama-i-bio.ac.jp/sosui/	疎水領域を予測してくれる
SMART	http://smart.embl-heidelberg.de	アミノ酸配列からドメインの予測や特定のドメイン（組み合わせもOK）をもつタンパク質のリスト化をしてくれる
PhosphoSite	http://www.phosphosite.org/homeAction.do	リン酸化のデータベース
モデル生物のゲノムに関する情報		
SGD	http://www.yeastgenome.org	出芽酵母
PomBase	http://www.pombase.org	分裂酵母
FlyBase	http://flybase.org	ショウジョウバエ
WormBase	http://www.wormbase.org/	線虫

- 一次情報源としてどんな実験によるデータを利用しているのか
- そのサイトはどの程度・どのように加工した情報をユーザーに提供しているのか

といった点を理解することも大事ですし，各サイトをどのように活用すれば信頼性を高められるのか，使い慣れるうちにコツがわかってくると思います．自分の実験データとつきあわせることも理解を深めるために有用でしょう．めざせデータベース活用の達人，ですね．

◆文献
1）Murata S, et al：Science, 316：1349-1353, 2007
2）Takahashi K & Yamanaka S：Cell, 126：663-676, 2006
3）Yao P, et al：Nat Neurosci, 18：1168-1174, 2015
4）Okada Y, et al：Nature, 506：376-381, 2014

それいけ！Mr.P！
⑤ インターネットの巻

Mr.P からの挑戦状
「エコ研究者」検定 略して エコ検

本書を通読いただいた方も，そうでない方も，お気軽にチャレンジください

	YES	NO

エコする考え方
- 制限酵素はユニット単価がなるべく安いものを使う　☐ ☐
- あまり使わない機器は，買わないで借りることもよいことだ　☐ ☐

なんでも自作
- 抗体が欲しいときはまず自作を考える　☐ ☐
- rTaq DNA ポリメラーゼは自前で調整できる　☐ ☐
- トランスフェクション試薬は自作できる　☐ ☐
- 浴室用コーキング剤がイメージングで大活躍なことを知っている　☐ ☐

当たり前の見直し
- フェノクロなしでも実験に耐えうるプラスミドが取れる　☐ ☐
- 磁気ビーズも上手に使えば高くない　☐ ☐
- 細胞培養の FBS は必ずしも 10% でなくてもよい　☐ ☐
- 細胞は培養ディッシュ上で染色・観察できる　☐ ☐

MOTTAINAI の極め
- 実験のセンスはピペットの使用本数にも現れる　☐ ☐
- ウエスタンブロットの一次抗体は再利用できる　☐ ☐

インターネット活用
- 手元にない試料は，つくるまえにリクエストできるか考える　☐ ☐
- データベースやウェブツールは活用しないともったいない　☐ ☐

判定

YES にチェックした数が…

- **14** → 達人！　すばらしい！　もう教えることは何もない
- **6〜13** → 修行中　あと少し！　この調子で励んでくれたまえ
- **5以下** → 見習い　まだまだ！　達人への道は遠いぞ

索引

3Cプロテアーゼ	67

Ⓐ Ⓑ Ⓒ

Addgene	174
Altmetrics	172
BLAST	180
blasticidine	133
boiling法	112
calf serum	130
Cy2	90
Cy3	90

Ⓓ Ⓔ Ⓕ

DABCO	90
DNAリガーゼ	45
DNA量のイメージ	123
Dpn I	45
DSHB	174
ECL	63
ELISA	72
EST	180
FANTOM	181
FBS	129

Ⓖ Ⓗ Ⓘ

G418	133
GWAS	181
HCT116	130
HEK 293T	130
HeLa	130
HRP標識二次抗体	62
HT1080	130
hygromycin	133
iPad	155
iPhone	155
IRES	132

Ⓛ Ⓜ Ⓞ Ⓟ

Luminex	72
Mendeley	155
MTA (Material Transfer Agreement)	176
Opti-MEM	39
Papers	171
PAPペン	79
PCR (polymerase chain reaction)	99
PCRキット	29
PCR酵素	45
PDF	154
PEG沈殿	118
PEI-Max	36
plasmid → プラスミド	
PreScissionサイト	67
puromycin	133
PVA	89
PVDF	142

Ⓡ Ⓢ Ⓣ Ⓤ Ⓥ

ReadCube	170
r*Taq* DNAポリメラーゼ	65
Sm ヌクレアーゼ	68
SNS機能	172
T4キナーゼ	45
Taq	65
TAクローニング	104
TDE	90
UniGene	180
vector	99

あ

アガロースゲル	147
アザイド	145
アルカリ-SDS法	107, 112
一次抗体	142, 145
インボイス	177
引用文献リスト	170
ウエスタンブロット	142
ウェブツール	179
ウサギ	51
エチジウムブロマイド	148

か

- 化学発光 … 62
- 核酸分解酵素 … 68
- カバーグラス … 134
- ガラスボトムディッシュ … 151
- キット … 28
- キムタオル … 12
- キャリアー … 117
- クマル酸 … 63
- グループウェア … 21
- クローニング（クローン化）… 98
- 形質転換 … 98, 112
- 形質転換した大腸菌 … 101
- ケミルミ … 62
- 研究費 … 18
- 抗体 … 50
- コーキング剤 … 79, 87
- コスト意識 … 26
- コニカルチューブ … 149
- コロニー … 101
- コンストラクト … 94
- コンピテントセル … 29, 95, 104

さ

- サイボウズLive … 22
- 再利用 … 145, 149, 151
- サブクローニング … 41
- シークエンス解析 … 118
- 磁気ビーズを使ったDNA精製キット … 120, 123
- 臭化エチジウム … 148
- 情報共有 … 24, 26
- 消耗品 … 25
- 試料 … 173
- スプレッドシート … 25
- スライドグラス … 134
- 制限酵素 … 13
- 染色用チャンバー … 87
- 剪定バサミ … 86

た

- 大腸菌 … 99
- チャンバースライド … 82
- つまようじ … 96
- データベース … 179
- 統合TV … 184
- 動脈採血 … 54
- トランスフェクション … 36
- トランスフォーメーション … 98, 112

な

- 日本白色種 … 54
- ニュージーランドホワイト … 54
- 尿素 … 53
- 値段交渉 … 27
- 熱耐性DNA合成酵素 … 99
- 納入実績 … 27

は

- ハイブリドーマバンク … 174
- ピペット … 140
- フェノール … 107
- 不溶性 … 53
- プラスミド … 99, 112
- 文献管理 … 154
- ペーパータオル … 13
- ベクター … 99
- ポリクローナル抗体 … 51

まや

- マウント剤 … 89
- マルチクローニングサイト … 41
- 見積 … 27
- ミニプレップ … 107, 112
- 免疫染色 … 134
- 免疫動物 … 54
- 綿棒 … 84
- モノクローナル抗体 … 60
- 薬剤耐性遺伝子 … 100, 132

ら

- ライゲーション … 94, 104
- ライフサイエンス統合データベースセンター … 184
- ラボ内電子掲示板 … 21
- ランニングコスト … 31
- リクエスト … 173
- 理研バイオリソースセンター … 174
- リソースセンター … 174
- リプローブ … 142
- リン酸カルシウム法 … 36

【注意事項】本書の情報について───────

　本書に記載されている内容は，発行時点における最新の情報に基づき，正確を期するよう，執筆者，監修・編者ならびに出版社はそれぞれ最善の努力を払っております．しかし科学・医学・医療の進歩により，定義や概念，技術の操作方法や診療の方針が変更となり，本書をご使用になる時点においては記載された内容が正確かつ完全ではなくなる場合がございます．また，本書に記載されている企業名や商品名，URL等の情報が予告なく変更される場合もございますのでご了承ください．

■ 本書に記載された製品・サービス等に関して
・本書に記載された製品やサービス等に対するサポートは，株式会社 羊土社ならびに執筆者では行っておりません．本書の内容と関わりのないご質問にはお答えできませんので，あらかじめご了承ください．
・本書で扱われている製品，ホームページ，アプリケーション，各種サービスの設定，利用方法はすべての環境で同様に動作することを保証したものではございません．導入の際は，それぞれの説明を理解し，各自の責任のもとに行ってください．導入によって生じた損害に対して，株式会社 羊土社ならびに執筆者，監修・編者はその責を負いかねますのでご了承ください．

■ 商標について
・Mac，Mac OSおよびOS X，iPad，iPhoneは，Apple Inc.の商標です．Androidは，Google Inc.の商標です．Microsoft，Windows，Wordは，米国Microsoft Corporationの米国およびその他の国における商標または登録商標です．その他，本書に記載されている会社名・製品名は各社の商標または登録商標です．
・なお，本書中では©，Ⓡ，™などの表示を省略しています．

　本書は実験医学連載「教えて！エコ実験（2013年9月号〜2014年4月号）」「教えて！エコ実験RETURNS（2015年4月号〜2016年1月号）」を再構成し，一部加筆・修正を加えたものです．

　本書の本文用紙は再生紙を使用しております．
　また，環境にやさしい植物油インキで印刷しております．

時間と研究費（さいふ）にやさしいエコ実験

2016年8月15日　第1刷発行	編　集　村田茂穂
	発行人　一戸裕子
	発行所　株式会社 羊 土 社
	〒101-0052
	東京都千代田区神田小川町2-5-1
	TEL　03（5282）1211
	FAX　03（5282）1212
	E-mail　eigyo@yodosha.co.jp
	URL　www.yodosha.co.jp/
ⓒ YODOSHA CO., LTD. 2016	
Printed in Japan	ブックデザイン　羊土社編集部デザイン室
ISBN978-4-7581-2068-5	印刷所　日経印刷株式会社

本書に掲載する著作物の複製権，上映権，譲渡権，公衆送信権（送信可能化権を含む）は（株）羊土社が保有します．
本書を無断で複製する行為（コピー，スキャン，デジタルデータ化など）は，著作権法上での限られた例外（「私的使用のための複製」など）を除き禁じられています．研究活動，診療を含み業務上使用する目的で上記の行為を行うことは大学，病院，企業などにおける内部的な利用であっても，私的使用には該当せず，違法です．また私的使用のためであっても，代行業者等の第三者に依頼して上記の行為を行うことは違法となります．

JCOPY ＜（社）出版者著作権管理機構　委託出版物＞
本書の無断複写は著作権法上での例外を除き禁じられています．複写される場合は，そのつど事前に，（社）出版者著作権管理機構（TEL 03-3513-6969，FAX 03-3513-6979，e-mail：info@jcopy.or.jp）の許諾を得てください．